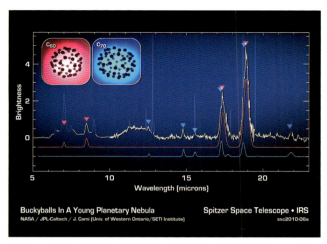

口絵1 地球から約6000光年にある星雲Tc1で検出されたC_{60}とC_{70}の存在を明確に示す赤外発光スペクトル(白線)
[詳細はp.17, コラム1参照]

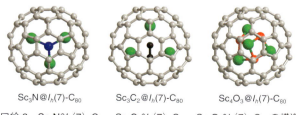

Sc$_3$N@I_h(7)-C$_{80}$　　Sc$_3$C$_2$@I_h(7)-C$_{80}$　　Sc$_4$O$_3$@I_h(7)-C$_{80}$

口絵2　Sc$_3$N@I_h(7)-C$_{80}$, Sc$_3$C$_2$@I_h(7)-C$_{80}$, Sc$_4$O$_3$@I_h(7)-C$_{80}$の構造
[詳細はp.62, 図2.28参照]

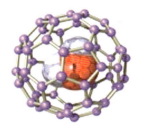

口絵 3 H$_2$O の単分子を内包
したフラーレン C$_{60}$
の分子構造
［詳細は p.85，コラム 3 参照］

口絵 4 中心は N 原子
［詳細は p.87，コラム 4 参照］

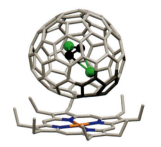

口絵 5
［詳細は p.89，コラム 5 参照］

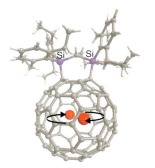

口絵 6　ケイ素化した La$_2$@C$_{80}$ の分子構造
[詳細は p.130，図 3.5 参照]

口絵 7　K$_3$C$_{60}$ の結晶構造
[詳細は p.139，図 4.1 参照]

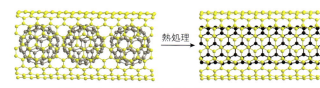

口絵 8　C$_{60}$ ピーポッドの熱処理による DWNT の合成
[詳細は p.143，図 4.2 参照]

カリックス[8]アレーンと
フラーレンの包接錯体[2]

カリックス[5]アレーンと
フラーレンの包接錯体の結晶構造[3]

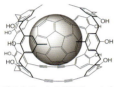
ビスカリックス[5]アレーンと
フラーレンの包接錯体[5]

ビスカリックス[5]アレーンと
C_{120}の包接錯体[6]

口絵9
[詳細はp.163, コラム10参照]

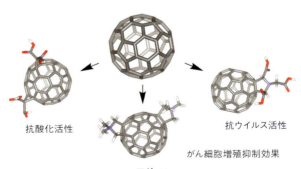

抗酸化活性

がん細胞増殖抑制効果

抗ウイルス活性

口絵10
[詳細はp.167, コラム12参照]

化学の要点
シリーズ
17

フラーレンの化学

日本化学会 [編]

赤阪　健
山田道夫　[著]
前田　優
永瀬　茂

共立出版

『化学の要点シリーズ』編集委員会

編集委員長	井上晴夫	首都大学東京 人工光合成研究センター長・特任教授
編集委員 (50音順)	池田富樹	中央大学 研究開発機構 教授
	伊藤 攻	東北大学名誉教授
	岩澤康裕	電気通信大学 燃料電池イノベーション研究センター長・特任教授 東京大学名誉教授
	上村大輔	神奈川大学特別招聘教授 名古屋大学名誉教授
	佐々木政子	東海大学名誉教授
	高木克彦	公益財団法人 神奈川科学技術アカデミー研究顧問兼有機太陽電池評価プロジェクトプロジェクトリーダー 名古屋大学名誉教授

本書担当編集委員　伊藤 攻　東北大学名誉教授

『化学の要点シリーズ』
発刊に際して

　現在，我が国の大学教育は大きな節目を迎えている．近年の少子化傾向，大学進学率の上昇と連動して，各大学で学生の学力スペクトルが以前に比較して，大きく拡大していることが実感されている．これまでの「化学を専門とする学部学生」を対象にした大学教育の実態も大きく変貌しつつある．自主的な勉学を前提とし「背中を見せる」教育のみに依拠する時代は終焉しつつある．一方で，インターネット等の情報検索手段の普及により，比較的安易に学修すべき内容の一部を入手することが可能でありながらも，その実態は断片的，表層的な理解にとどまってしまい，本人の資質を十分に開花させるきっかけにはなりにくい事例が多くみられる．このような状況で，「適切な教科書」，適切な内容と適切な分量の「読み通せる教科書」が実は渇望されている．学修の志を立て，学問体系のひとつひとつを反芻しながら咀嚼し学術の基礎体力を形成する過程で，教科書の果たす役割はきわめて大きい．

　例えば，それまでは部分的に理解が困難であった概念なども適切な教科書に出会うことによって，目から鱗が落ちるがごとく，急速に全体像を把握することが可能になることが多い．化学教科の中にあるそのような，多くの「要点」を発見，理解することを目的とするのが，本シリーズである．大学教育の現状を踏まえて，「化学を将来専門とする学部学生」を対象に学部教育と大学院教育の連結を踏まえ，徹底的な基礎概念の修得を目指した新しい『化学の要点シリーズ』を刊行する．なお，ここで言う「要点」とは，化学の中で最も重要な概念を指すというよりも，上述のような学修する際の「要点」を意味している．

本シリーズの特徴を下記に示す．
1）科目ごとに，修得のポイントとなる重要な項目・概念などをわかりやすく記述する．
2）「要点」を網羅するのではなく，理解に焦点を当てた記述をする．
3）「内容は高く」，「表現はできるだけやさしく」をモットーとする．
4）高校で必ずしも数式の取り扱いが得意ではなかった学生にも，基本概念の修得が可能となるよう，数式をできるだけ使用せずに解説する．
5）理解を補う「専門用語，具体例，関連する最先端の研究事例」などをコラムで解説し，第一線の研究者群が執筆にあたる．
6）視覚的に理解しやすい図，イラストなどをなるべく多く挿入する．

本シリーズが，読者にとって有意義な教科書となることを期待している．

『化学の要点シリーズ』編集委員会
井上晴夫（委員長）
池田富樹　伊藤　攻　岩澤康裕　上村大輔　佐々木政子　高木克彦

まえがき

　昨今，ナノカーボン化学の重要性がますます増してきている．本書は現在の状況に的確に呼応して，ナノカーボンの中心的物質であるフラーレンについて基礎化学の観点からまとめた．

　フラーレンは C_{60} に代表される炭素のみで構成された球状骨格の多環縮環構造をもつ多面体分子の総称である．炭素原子 60 個でできたサッカーボールの形をした美しい分子 C_{60} が 1985 年に発見され，発見者達には 1996 年度ノーベル化学賞が授与された．炭素だけからなる単体物質としては，宝石のダイヤモンドと鉛筆の芯に使われるグラファイトがあるが，C_{60} はそれらに続く炭素の第三の同素体として注目され，20 世紀最大の発見の 1 つに数えられている．興味深いことに C_{60} 分子から超伝導物質が得られる．また，宇宙に漂う星間物質であったり，生理活性を示す物質であったりする．このように科学のいろいろな分野，化学，物理学，生物学，医学などとかかわりがある．C_{60} 分子には炭素数が 60 個よりも多い C_{70} や C_{76} などの高次フラーレンや，金属原子などがサッカーボールの中に取り込まれた金属内包フラーレンなどの仲間達がいる．本書では，C_{60} に代表されるかご状構造を有するフラーレンの「合成・構造と性質」，「化学反応性と分子変換法」，「機能と応用」について解説する．

　第 1 章では，「フラーレンとは」と題し，フラーレンの概略，フラーレン発見の歴史やその仲間達について述べる．第 2 章では，さまざまなフラーレンの合成・構造と性質について述べる．フラーレンには C_{60} 以外にも様々なものがあり，炭素原子のみから構成される一般的なフラーレン（空フラーレン）のほかにも，内包フラーレ

ン，ヘテロフラーレン，内包ヘテロフラーレンなどが知られている．内包フラーレンは，フラーレンの内部空間に原子や分子が内包されたフラーレンであり，ヘテロフラーレンは炭素以外の原子を骨格に含むフラーレンである．第3章では，フラーレンの化学反応性と分子変換について述べる．フラーレンの化学反応性や分子変換による機能の制御法に関する理解が進み，様々な機能性フラーレンが創製されている．第4章ではフラーレンの機能と応用について述べる．フラーレンは多岐に亘る機能を有し，分子変換などを組み合わせることで，幅広い材料分野への応用が期待されている．本書では主だった応用事例に限られたものとなっているが，フラーレンの応用と実用化のポテンシャルは非常に高く，今後，フラーレンの化学が今にも増して広がっていくことは間違いないであろう．

　本文の理解を補うための具体例や本文に関連する最先端の研究事例，興味深い応用事例について，第一線で活躍されている研究者にコラムを執筆していただいた．読者がこの本によってフラーレン化学の基礎を学び，さらにこの本を専門的なナノカーボン分野に挑戦する踏み台として利用されることを切に願っている．

　おわりにあたり，本書の執筆にあたり適切なご助言を賜りました小松紘一先生，田代健太郎先生，磯部寛之先生に心からお礼申し上げます．伊藤攻担当編集委員はじめ多くの編集に携わって頂いた方々のご助言に深謝致します．

2016年6月

赤阪　　健
山田　道夫
前田　　優
永瀬　　茂

目　　次

第 1 章　フラーレンとは ……………………………………1

1.1　フラーレンとは何か ……………………………………………1
1.2　炭素の同素体 ……………………………………………………2
1.3　炭素化学の時代 …………………………………………………4
1.4　フラーレン発見の歴史 …………………………………………8
　1.4.1　セレンディピティによるフラーレンの発見 ……………8
　1.4.2　フラーレン大量合成法の開発 ……………………………10
　1.4.3　フラーレンの発見にまつわるエピソード ………………12
参考文献 ………………………………………………………………13

第 2 章　様々なフラーレンの合成・構造と性質 ………19

2.1　フラーレン ………………………………………………………21
　2.1.1　フラーレンの合成法 ………………………………………21
　2.1.2　フラーレンの抽出・単離 …………………………………25
　2.1.3　フラーレンの溶解性 ………………………………………29
　2.1.4　フラーレンの構造 …………………………………………29
　2.1.5　化学修飾による non-IPR フラーレンの安定化 …………40
　2.1.6　フラーレンの鏡像異性 ……………………………………42
　2.1.7　フラーレンの芳香族性 ……………………………………45
　2.1.8　フラーレンの酸化還元特性 ………………………………47
　2.1.9　フラーレンの吸収スペクトル ……………………………48
　2.1.10　フラーレンの光物性 ………………………………………50

2.2 希ガス内包フラーレン …………………………52
2.3 15族原子内包フラーレン …………………………54
2.4 金属内包フラーレン …………………………55
2.4.1 金属内包フラーレンの構造 …………………………56
2.4.2 金属原子内包フラーレン …………………………60
2.4.3 金属クラスター内包フラーレン …………………………62
2.4.4 金属原子の内包によるnon-IPRフラーレンの安定化 …64
2.4.5 溶媒抽出過程で化学修飾される金属内包フラーレン …66
2.4.6 金属内包フラーレンの酸化還元特性 …………………………67
2.5 リチウムイオン内包フラーレン …………………………70
2.6 有機化学的手法により合成される原子および分子内包フラーレン …………………………71
2.7 ヘテロフラーレン …………………………73
2.8 金属内包ヘテロフラーレン …………………………75
参考文献 …………………………77

第3章 フラーレンの化学反応性と分子変換法 …………93

3.1 フラーレンの化学反応性 …………………………93
3.2 C_{60}の付加様式 …………………………94
3.3 化学修飾による電気化学特性の制御 …………………………96
3.4 C_{60}の分子変換 …………………………98
3.4.1 求核付加反応 …………………………98
3.4.2 環化付加反応 …………………………102
3.4.3 還元反応 …………………………112
3.4.4 酸化反応 …………………………113
3.4.5 遷移金属触媒を用いた反応 …………………………113

3.4.6　ラジカル反応 ··· 115
　　3.4.7　光反応 ··· 117
　3.5　C_{60} の二付加体の化学 ·· 120
　3.6　C_{70} の構造と付加位置選択性 ·································· 125
　3.7　金属内包フラーレンの分子変換 ·································· 126
　　3.7.1　La@$C_{2v}(9)$-C_{82} の化学修飾 ···························· 126
　　3.7.2　La$_2$@$I_h(7)$-C_{80} の内包金属の回転制御 ·············· 129
　参考文献 ··· 131

第4章　フラーレンの機能と応用 ································· **139**

　4.1　固体化学と機能 ·· 139
　4.2　ホスト・ゲスト化学 ·· 141
　4.3　ピーポッド ·· 142
　4.4　ソフトマテリアル ·· 143
　4.5　発光材料 ·· 146
　4.6　光電変換材料 ·· 148
　　4.6.1　人工光合成系モデル ······································· 148
　　4.6.2　有機薄膜太陽電池 ··· 151
　4.7　単分子スイッチング ·· 153
　4.8　生物科学分野への応用 ·· 153
　　4.8.1　生物活性 ··· 154
　　4.8.2　造影剤 ··· 156
　　4.8.3　中性子捕捉剤 ··· 157
　参考文献 ··· 157

第5章　付録 …………………………………………………**171**

5.1　炭素ケージの異性体番号のつけ方 ……………………171
5.2　フラーレンの鏡像異性の表記法 ………………………173

参考文献 ………………………………………………………178

課題と展望 ……………………………………………………181

索　引 …………………………………………………………183

コラム目次

1. 恒星の終末とフラーレンの誕生 …………………………… 16
2. フラーレン全合成への挑戦 ………………………………… 82
3. フラーレンの分子手術 ……………………………………… 84
4. N@C_{60} 科学の最前線 …………………………………… 86
5. 金属内包フラーレンの構造決定—単結晶 X 線構造解析 … 88
6. 金属内包フラーレンの構造：理論計算と実験 …………… 91
7. 不斉触媒によるキラルなフラーレン誘導体の合成 ……… 135
8. 金属錯体とフラーレンの相互作用に関する研究展開 …… 137
9. フラーレン導電体・超伝導体の最近の状況 ……………… 160
10. サッカーボールと超分子化学 ……………………………… 163
11. 太陽電池への応用最前線 …………………………………… 165
12. 生理活性フラーレン（C_{60}）研究の最前線 …………… 167
13. 光線力学療法への展開 ……………………………………… 169

第1章

フラーレンとは

1.1 フラーレンとは何か

フラーレンは,偶数個の炭素原子のみから構成される炭素の同素体で,かご(ケージ)状の多環縮環構造をもつナノメートルサイズの多面体分子である.フラーレンは Kroto, Smalley, Curl らの国際共同研究チームによって 1985 年にセレンディピティ(偶然によりもたらされた発見)により発見され,3 名は 1996 年に「フラーレンの発見」の功績によりノーベル化学賞を受賞している [1].
図 1.1 に示すように,最も収率よく得られるフラーレンとして知られる C_{60} は接頭二十面体構造を有しており,これは 12 個の五角形と 20 個の六角形からなるサッカーボールと同じである.C_{60} はすべての炭素原子が 1 つの五員環と 2 つの六員環に囲まれた頂点に位置して等価な環境にある,最も高いアイコサヘドラル (icosahe-

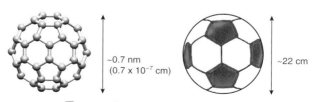

図 1.1 フラーレン C_{60} とサッカーボール

dral；I_h）対称を有し，^{13}C NMR 測定では 1 本のシグナルのみを与える [2]．この極めて美しい分子構造とそれに起因する特異な物理的・化学的性質は多くの研究者を魅了し，これまでにも様々なフラーレンの基礎・応用研究が進められている [3-7]．

本書では，C_{60} に代表されるかご状構造をもつフラーレンの『合成・構造と性質』，『化学反応性と分子変換法』，『機能と応用』について解説する．

1.2 炭素の同素体

炭素は炭素原子同士で鎖状や環状の様々な安定な構造を形成することができるので，多様な有機化合物の要となる元素である [8]．4 個の価電子（s^2p^2）をもつ炭素は，sp^3 混成により単結合，sp^2 混成により二重結合，sp 混成により三重結合といった共有結合をつくれる．これらの結合からなる最も基本的な有機化合物はエタン（CH_3-CH_3），エチレン（CH_2=CH_2），アセチレン（$CH≡CH$）である．また，炭素同素体のダイヤモンド，グラファイト，カルビンはそれぞれ単結合，二重結合，三重結合によって構成される．表 1.1 に示すように，炭素を含む化学結合の強さは飛び抜けている [9]．

安定な炭素同素体であるダイヤモンドやグラファイトは身近な物質として広く利用されている．炭素原子が sp^3 混成により 3 次元状に結合したダイヤモンド（図 1.2(a)）は，透明で高い硬度と耐熱性を有するバンドギャップの大きな半導体である．装飾品やガラス切りとして古くから利用されており，近年ではホウ素やリンを高濃度にドーピングすることにより極めて安定性の高い半導体材料としての活用が期待されている [10,11]．炭素原子が sp^2 混成をとり，

表 1.1 原子間平均結合エンタルピー

結合	kcal/mol	結合	kcal/mol	結合	kcal/mol	結合	kcal/mol
C–H	99	C=C	146	Si–Si	54	F–F	37
C–C	83	C=C（芳香族）	124	N–N	39	Cl–Cl	58
C–N	73	C=O	178	P–P	48	Br–Br	46
C–O	86	N=N	98	O–O	35	I–I	36
		O=O	119	S–S	63		
		C≡C	200				
		C≡N	212				

図 1.2 (a) ダイヤモンド，(b) グラファイト，(c) ポリイン分子の構造

六角形を基本格子として2次元平面状に結合した多層からなるグラファイト（図1.2(b)）は黒色を呈し，平面方向に対して高い機械的強度を有する導体である．層間に働くファンデルワールス相互作用が小さく剥離しやすい特徴から鉛筆の芯として利用されるほか，π共役系に起因する高い電気伝導性を示すことから電極材料としても利用される．また，グラファイトの層間に原子や分子が入り込みやすい性質を利用して，リチウムイオン電池の負極材料としても利用される．このように炭素原子からなるダイヤモンドとグラファイトは，強い炭素–炭素結合に起因していずれも高い機械的強度をもち，また炭素の結合様式に起因して異なる電気的性質を示す．炭素原子がsp混成をとり直鎖状につながったカルビンは，反

応性が高く極めて不安定で，その詳細は明らかになっていない．有機合成化学の分野ではこれまでに有限長のカルビンとみなせるポリイン分子の合成が試みられており，2010年には22個のアセチレンがつながったポリイン（図1.2(c)）の合成が達成されている [12]．

フラーレンはグラファイトと同様にsp^2炭素により構成されているが，平面構造ではなくかご状の球面構造なので構成炭素に大きな歪みがかかる．この歪みにより，フラーレンはどのような物理的・化学的性質や化学反応性を示すのだろうか？フラーレンの中空の内部空間に原子や分子を内包できるのだろうか？炭素以外の原子を骨格に含むフラーレンも合成できるのだろうか？できるとすればどのような新規性が期待できるだろうか？このような様々な興味と関心を駆り立てるフラーレンは，世界中の様々な分野の科学者を瞬く間に虜にし，今日に至るまで爆発的に研究が展開されている．

1.3 炭素化学の時代

19世紀は鉄，20世紀はケイ素であったのに対して，21世紀は炭素が主役になると期待されている．例えば，炭素繊維は強度が高く軽量であることから航空機や自動車の車体に，グラファイトはエネルギー密度の優れたリチウムイオン電池の負極材料に用いられている．また，フラーレンやカーボンナノチューブにグラフェンを加えたこれらのナノ炭素物質群（ナノカーボン）の優れた特性が明らかにされつつあり，炭素材料への期待はさらに高まってきている [4–8, 10, 11, 13–17]．2001年に米国クリントン政権がナノテクノロジーを国家戦略研究目標にした（例えば，角砂糖サイズのメモリーに国会図書館の情報をすべて記録することも課題の1つとされた）

ことも追い風となり,ナノカーボンを含めナノサイエンス・ナノテクノロジーの研究が世界中で活発に行われるようになった.以下に主なナノカーボンとその特徴を述べる.

① カーボンナノチューブ

カーボンナノチューブはグラファイトの一層(グラフェンシート)を丸めて筒(チューブ)状にした構造の炭素同素体である.チューブ構造の層数によって,単層カーボンナノチューブ(single-walled carbon nanotube;SWNT),二層カーボンナノチューブ(double-walled carbon nanotube;DWNT),多層カーボンナノチューブ(multi-walled carbon nanotube;MWNT)と呼び分けられる.MWNT は 1991 年に飯島が,アーク放電によるフラーレン合成で陰極に堆積した炭素を透過型電子顕微鏡で観察した際に発見された[18].SWNT は 1993 年に飯島や Bethune らの研究グループによりほぼ同時期に合成された[19,20].炭素-炭素結合の特徴である強い機械的強度をもち,構造の基本となる六員環の配列によって半導体あるいは導体としての電気特性を示すため,柔軟で強度の高い電子デバイス材料として実用化研究が進められている[21-25].

カーボンナノチューブの構造はカイラル指数と呼ばれる (n,m) で表される数字を用いて一義的に定義される.カーボンナノチューブの展開図であるグラフェンシート上に座標をとり,座標が $(0,0)$ である原点を点 (n,m) に重なるように巻いてできあがるものを (n,m) と呼ぶ.カーボンナノチューブ円筒面の切り口の形状から,$n=m$ のものをアームチェア(armchair)型,$n=0$ のものをジグザグ(zigzag)型と呼び,それ以外の螺旋構造をもつものをキラル型と呼ぶ(図 1.3).また,$n-m$ が 3 の倍数(0 を含む)であるものは金属性のバンド構造を,それ以外のものは半導体性のバ

6　第1章　フラーレンとは

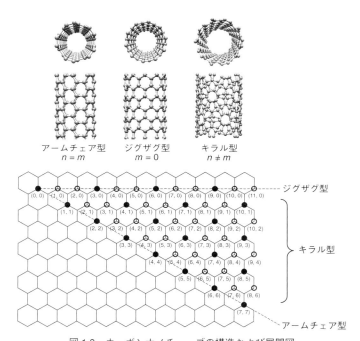

図1.3　カーボンナノチューブの構造および展開図

図中，カイラル指数 (n, m) の SWNT については，金属性のものを黒丸，半導体性のものを白丸で示す．

ンド構造を有する．カーボンナノチューブはフラーレンと同様にレーザー蒸発法 [26] やアーク放電法 [18-20] により合成される．大量合成法としては，金属触媒を用いた炭化水素の熱分解による化学気相成長（chemical vapor deposition；CVD）法 [27] が広く利用されている．カーボンナノチューブの層数や直径は，合成法や金属触媒の有無や種類などの合成条件に強く支配される．最近では特定のカイラル指数をもつカーボンナノチューブをつくり分ける

合成法の開発が進んでいる [28, 29].

② カーボンナノホーン

グラフェンのシートを円錐形に丸めた構造を先端にもつカーボンナノチューブ（図 1.4）はカーボンナノホーンと呼ばれ，常温・常圧のアルゴンガス中のレーザー蒸発法によりグラファイトから合成される [30]．金属触媒を必要としない合成法であることから，炭素以外の不純物を含まない純度の高いものが得られる．重量当たりの表面積が極めて大きいので吸着剤や触媒の担持体としての応用が期待されている．また，カーボンナノチューブと比べて分散性も高いので，内部空間を利用したドラッグデリバリーシステム（drug delivery system；DDS）への用途も提案されている [31, 32]．

③ グラフェン

2010 年のノーベル物理学賞の対象物質となったグラフェンは，多層からなるグラファイトのうちの一層を指す（図 1.5）．Geim と

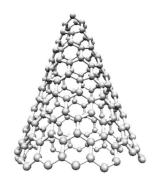

図 1.4　カーボンナノホーンの先端の構造

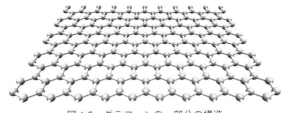

図1.5　グラフェンの一部分の構造

Novoselov は，グラファイトの薄層をスコッチテープによってはがすという単純な操作を繰り返してグラフェンを取り出し，磁場中での伝導度を評価した [33,34]．その後，グラフェンの電子のもつ特異な性質が次々と明らかにされている．また，層数やエッジ（端）の構造によって電子特性が異なることも知られ，CVD 法などにより大面積で良質なグラフェンを合成する方法が研究されている [35]．高い機械的強度と電子特性を利用した高速トランジスタやタッチパネルなどへの応用が進められている．

1.4　フラーレン発見の歴史

1.4.1　セレンディピティによるフラーレンの発見

宇宙空間にはどのような物質が存在しているのだろうか？　これを調べるためには直接宇宙に行って調査することも可能かもしれないが，調査できる範囲は極めて限られてしまう．宇宙に存在する有機化合物に強い関心をもっていたサセックス大学の Kroto は，電波望遠鏡で観測された宇宙のスペクトルと実験室で合成した物質のスペクトルを比較することにより，宇宙にどのような物質が存在するのかを調べて，短鎖のシアノポリインが星間ガス雲中に存在することを発見している．分子量のより大きな物質の探索のための比較対

1.4 フラーレン発見の歴史

象となる長鎖のポリインを有機合成によって得ることは思いのほか難しいと思案する最中,SmalleyやCurlとの共同研究が始まり,以下のようにしてフラーレンの発見がなされた [36,37].

当時,クラスター化学の第一人者として活躍していたライス大学のSmalleyは,レーザー照射により原子を昇華させ,生じたクラスターの質量を直接分析できる装置をもっていた(第2章2.1節参照).Krotoは,この装置を用いてグラファイトを昇華すれば宇宙に存在する未知の炭素クラスターを効率よく合成できるのではないかと考えたのである.1985年8月,ライス大学のCurlの紹介によってSmalleyとのおよそ2週間の共同研究が始まった.水素ガスや窒素ガスを共存させた条件では,炭素数が20程度までのシアノポリインに相当する質量数の物質が検出され,順調に目的とした実験結果が得られていった [38].

あるとき,実験を担当していた大学院生のHeathとO'Brienは,炭素数が大きいクラスターのなかでC_{60}クラスターが比較的強く検出されることに気がついた.次第にチームの関心はこのクラスターに注がれることになる.昇華により生成した炭素原子が衝突して十分なサイズのクラスターに成長できるように質量分析計までの通路(成長管)を長くし,また,炭素原子が拡散しないように装置内のヘリウムガスの圧力を高めるなど,装置の改良や実験条件の最適化に尽力したHeathとO'Brienの努力の結果,遂にC_{60}クラスターのイオンピークが付近のイオンピークの50倍もの強度になる実験条件を見出すことに成功する.なお,2名の大学院生には,フラーレン発見における貢献度の大きさから,後にノーベル化学賞メダルの2/3サイズのものが特別に贈られている.

それではなぜ炭素原子60個からなるクラスターが選択的に合成されたのだろうか? 炭素が昇華するような過酷な条件から生成し

たことから，C_{60} は安定な構造であると推測される．グラファイトの基本格子である六員環を基本とする様々な構造が提案されたが，満足のいく安定な構造を考えつくには至らなかった．ここで Kroto は，1967 年のモントリオール万国博覧会で訪れた半球状の建築物（ジオデシックドーム）や，数年前に自分の子供のためにつくってあげたスタードームと呼ばれる星図のペーパークラフトのことを思い出す．ジオデシックドームやスタードームの骨格には，六角形だけではなく五角形も含まれていたのである．また，スタードームの頂点を数えるとぴったり 60 個であった．これらをヒントとして，Smalley は C_{60} が五角形と六角形からなるサッカーボール構造をもつと思いつくことになる［39］．

　わずか2週間程度の星間物質の探索を目的とした実験で思いもかけずに見つかった C_{60} クラスターの研究成果は，予想構造に関する考察と合わせて『C_{60}：Buckminsterfullerene』という表題で 1985 年 9 月に Nature 誌に投稿されて，11 月に掲載・発表された［1］．一躍有名になった「フラーレン」という分子の名前は，その構造を推測する上で大きな助けとなったジオデシックドームの設計者である Buckminster Fuller に敬意を表したもので，Fuller の名前に国際純正・応用化学連合（IUPAC）のアルケンの命名法「ene」を適用したものである．Nature 誌の論文にはボーレンやサッカーレンという名前も候補に挙がったとの記載がある．ちなみに図 1.1 に示すフラーレンと同じかたちのサッカーボールは，国際サッカー連盟（FIFA）W 杯において 1970 年のメキシコ大会から 2002 年の日韓大会まで公式球として使用された．

1.4.2　フラーレン大量合成法の開発

　Nature 誌に掲載された C_{60} クラスター合成の第一報は多くの科学

者の反響を呼んだが，十分な量の C_{60} を合成し，分子構造に関する実験的証拠を得るには，さらに 5 年の歳月を待つことになる．

マックス・プランク核物理学研究所の Krätschmer は 1976 年から星間ダストの研究に取り組んでおり，1977 年にアリゾナ大学の Huffman との共同研究を始めた．1983 年，グラファイトを昇華させた炭素から生じた微粒子の分光測定を行っていたところ，紫外領域および赤外領域に特徴的な吸収を見つけた [40]．1985 年の Nature 誌に掲載された C_{60} 発見に関する論文や C_{60} のスペクトルを理論予測した論文に触発され，グラファイトの通電加熱で生じた微粒子の中に C_{60} が含まれると考え，合成実験の最適化を行った．その結果，向かい合わせに接触させたグラファイト棒に電極を取り付け，通電加熱させるという単純な装置（第 2 章図 2.3 参照）によって生成される煤から構造解析に十分な量の C_{60} を得ることに成功した．C_{60} の IR スペクトルや電子スペクトルなどの測定を行い，C_{60} の第一報から実に 5 年の歳月を経た 1990 年に，ようやくサッカーボール型構造の実験的証拠が報告された [41]．昇華による C_{60} の精製法や C_{60} が有機溶媒に溶解することなども次々に明らかにされ，1990 年に報告された Krätschmer らの一連の研究成果がブレークスルーとなり，フラーレン研究が爆発的に取り組まれるようになった．ノーベル賞受賞者が三人に限定されていなければ，Krätschmer らも受賞者としての栄誉を手にしたのではないだろうか．このときの研究競争は過酷であり，Kroto も Krätschmer らの抵抗加熱の方法を参考にして構造解析に十分な量の C_{60} の合成と精製もしていたのだが，あと一歩のところで及ばなかった．しかし，Kroto は有機化学者である Taylor との共同研究によって C_{60} と C_{70} の美しい ^{13}C NMR スペクトルを初めて報告することに成功した [2]．

1.4.3 フラーレンの発見にまつわるエピソード

ここで，フラーレン発見にまつわるいくつかの興味深いエピソードを紹介する．理論化学者の大澤は 1970 年，雑誌『化学』の「非ベンゼン系芳香族化合物の化学」と題した特集「超芳香族」の中でこう述べている [42, 43]．

『たとえばサッカーの公式ボールの表面に描かれている幾何模様を思い浮かべてみよう．それは正多面体として cube の次に小さな正二十面体の頂点を全部切り落として正五角形を出したもので、truncated icosahedron とでも称されるべき美しい多面体である．図では分かりにくいところもあるので、もし手もとにサッカーボールがあれば手にとってながめていただくとはっきりするが、五角形（黒く塗ってある）の間には規則正しく六角形がうずまっている．一見これらの成分多角形は大して曲がっていないし、各辺はすべて同じ長さにすることができる．もしこれらの頂点が全部 sp^2 炭素で置き換えることができれば球面状共役が実現できないだろうか？』

これはまさに C_{60} のサッカーボール構造を予言したものであるが，上述の Nature の論文には引用されなかった．大澤の予言は日本語の雑誌に発表されたために，Smalley らの知り得るところではなかったのである．しかし 1986 年には Kroto や Smalley にも伝わり，ノーベル賞受賞講演の場では，C_{60} は大澤によって初めて着想された分子であると紹介されている．

エクソン社の研究グループは，ライス大学で行われたものとほぼ同様の炭素クラスターの合成実験を行っており，その実験結果を 1984 年に論文発表している [44]．この論文では 1–190 個の炭素からなるクラスターの合成とその帰属について報告されており，炭素数が 20 個を超える範囲では C_{60} のイオンピークが最も強く検出さ

れていたのである．この質量スペクトルは論文中に記載されているものの，C_{60} のことは言及されなかったために，このエクソン社の論文は幻の発見と言われている．

1985 年のフラーレンの発見直後から，かご状構造という特徴に注目した原子を内包したフラーレンの合成実験が早くも試みられている．Smalley らは，磁性をもつ鉄原子を内包したフラーレンの合成実験こそ上手くいかなかったものの，ランタンを用いた実験では LaC_{60} などの分子イオンピークの検出に成功した［45］．鉄やランタンなどの金属はカーボンナノチューブを合成するための触媒として働くことがその後に明らかにされており，このときにもカーボンナノチューブは合成されていたのかもしれない．

参考文献

[1] H. W. Kroto, et al.: *Nature*, **318**, 162（1985）.
[2] R. Taylor, et al.: *J. Chem. Soc., Chem. Commun.*, 1423（1990）.
[3] 日本化学会編：『季刊化学総説　炭素第三の同素体フラーレンの化学』学会出版センター（1999）.
[4] 篠原久典，齋藤弥八：『フラーレンの化学と物理』名古屋大学出版会（1997）.
[5] 篠原久典（監修）：『ナノカーボンの応用と実用化』シーエムシー出版（2011）.
[6] 松尾豊（監修）：『フラーレン誘導体・内包技術の最前線』シーエムシー出版（2014）.
[7] K. M. Kadish, R. S. Ruoff（Eds.）: *Fullerenes*, Wiley Interscience（2000）.
[8] 田中一義，篠原久典，東原秀和：『炭素学』化学同人（2011）.
[9] (a) R. C. Weast (ed.): *Handbook of chemistry and physics*, CRC Press, Boca Raton（1993）. (b) L. Pauling: *The nature of the chemical bond*, Cornell University Press（1960）.
[10] 志村史夫：『ハイテク・ダイヤモンド―半導体ダイヤからフラーレンまで』講談社（1995）.
[11] 藤森直治，鹿田真一（監修）：『ダイヤモンドエレクトロニクスの最前線』シーエムシー出版（2014）.
[12] W. A. Chalifoux, R. R. Tykwinski: *Nat. Chem.*, **2**, 967（2010）.

[13] 齋藤理一郎:『フラーレン・ナノチューブ・グラフェンの科学 ナノカーボンの世界』共立出版 (2015).
[14] 高分子学会:『カーボンナノチューブ・グラフェン』共立出版 (2012).
[15] フラーレン・ナノチューブ・グラフェン学会:『カーボンナノチューブ・グラフェンハンドブック』コロナ社 (2011).
[16] 齋藤理一郎,篠原久典:『カーボンナノチューブの基礎と応用』培風館 (2004).
[17] 篠原久典 (編):『化学フロンティア⑮ ナノカーボンの新展開』化学同人 (2005).
[18] S. Iijima: *Nature*, **354**, 56 (1991).
[19] S. Iijima, T. Ichihashi: *Nature*, **363**, 603 (1993).
[20] D. S. Bethune, et al.: *Nature*, **363**, 605 (1993).
[21] M. S. Dresselhaus, et al.: *Phys. Rev. B*, **45**, 6234 (1992).
[22] R. Saito, et al.: *Phys. Rev. B*, **46**, 1804 (1992).
[23] R. Saito, et al.: *Appl. Phys. Lett.*, **60**, 2204 (1992).
[24] N. Hamada, et al.: *Phys. Rev. Lett.*, **68**, 1579 (1992).
[25] K. Tanaka, et al.: *Chem. Phys. Lett.*, **191**, 469 (1992).
[26] A. Thess, et al.: *Science*, **273**, 483 (1996).
[27] J. Kong, et al.: *Nature*, **395**, 878 (1998).
[28] J. R. Sanchez-Valencia, et al.: *Nature*, **512**, 61 (2014).
[29] F. Yang, et al.: *Nature*, **510**, 522 (2014).
[30] S. Iijima, et al.: *Chem. Phys. Lett.*, **309**, 165 (1999).
[31] T. Murakami, et al.: *Mol. Pharm.*, **1**, 399 (2004).
[32] K. Ajima, et al.: *Mol. Pharm.*, **2**, 475 (2005).
[33] K. S. Novoselov, et al.: *Science*, **306**, 666 (2004).
[34] K. S. Novoselov, et al.: *Nature*, **438**, 197 (2005).
[35] (a) K. S. Kim, et al.: *Nature*, **457**, 706 (2009). (b) X. Li, et al.: *Science*, **324**, 1312 (2009).
[36] ジム ゴバット,小林茂樹 (翻訳):『究極のシンメトリー フラーレン発見物語』白揚社 (1996).
[37] 篠原久典:『ナノカーボンの科学 セレンディピティから始まった大発見の物語』講談社 (2007).
[38] J. R. Heath, et al.: *J. Am. Chem. Soc.*, **109**, 359 (1987).
[39] H. Kroto: *Angew. Chem. Int. Ed.*, **36**, 1578 (1997).
[40] W. Krätschmer, et al.: *Chem. Phys. Lett.*, **170**, 167 (1990).
[41] W. Krätschmer, et al.: *Nature*, **347**, 354 (1990).

[42] 大澤映二:化学, **25**, 854 (1970).
[43] 吉田善一, 大澤映二:『芳香族性』化学同人 (1971).
[44] E. A. Rohlfing, et al.: *J. Chem. Phys.*, **81**, 3322 (1984).
[45] J. R. Heath, et al.: *J. Am. Chem. Soc.*, **107**, 7779 (1985).

コラム 1

恒星の終末とフラーレンの誕生

　今，フラーレン宇宙化学（fullerene astrochemistry）が非常に面白いことになっている．2010年，Cami らは赤外線宇宙望遠鏡 Spitzer から得られたデータ解析から，Tc 1 のコード名をもつ惑星型星雲中に C_{60} と C_{70} の存在を確実に示す赤外発光スペクトルを見出した（図参照）[1]．2003年に打ち上げられた"Spitzer"の高分解能赤外スペクトルが，多くの驚くべき宇宙の新しい側面を見せてくれていることは広く知られているが，Cami らの C_{60} の発見は，それまで知られていた原子数 13 の最大星間分子サイズを一気に更新したばかりではない．この発見を契機に，それまで Spitzer データ中に蓄積された約 300 の星雲の赤外スペクトルの洗い直しから，現在までに約 20 ヶ所におよぶ星雲中や星間に C_{60} の存在が見出されており，恒星終末期の物理・化学環境と C_{60} 分子の誕生が深く関わっていることが示唆されている [2]．宇宙空間における物質進化は生命の誕生とも深く関わっていると考えられている現在，星雲形成時における宇宙空間で C_{60} 分子形成がどのようになされていくのか，その生成機構に多くの研究者の関心が向くのも当然であろう．

　Cami らは Tc 1 におけるこれまでの蓄積データから，この星雲周辺における C_{60} の生成収率（周辺炭素質量総量との質量比で示される）は約 1.5% であることを示した．また，Tc 1 では C_{70} がほぼ同収率で生成していることも明らかにしている．C_{60} に対する C_{70} の高生成比，また Tc 1 で推定された C_{60} の絶対収率 1.5% は驚くべき高い値である．地上の実験室で C_{60} を作成することは容易であるが，その収率は最大に見積もってもせいぜい 10% が限界である場合が多く，C_{70}/C_{60} 生成比は最大で 0.5 程度である．地上の実験室における C_{60} の高収率生成は，アーク放電やレーザー蒸発あるいは燃焼法含めてすべて高温下で高密度の炭素蒸気が非平衡の冷却凝縮過程を経て発生することが知られ，C_{60} 分子生成のアレニウス活性化エネルギーは 0.8 eV 程度とされている [3]．しかし，宇宙物理研究者間では現在，星雲中で C_{60} が検出された周辺物理環境がこのような地上実験室の C_{60} 生成環境と大きく違っていることから，強力な

紫外線や衝撃波などにより発生する炭素塵などの解離過程から C_{60} が生成する，という仮説が支配的である．ところが，逆に地上の実験室では，こうした過程により 1.5% の高収率を裏付ける手法は未だ見出されていない．星雲中の C_{60} 分子の形成過程の理解には恒星の終末期に起こるとされている炭素元素を含む星コア成分の放出過程のより精密な知見が必要と思われる．

[1] J. Cami, et al.: *Science*, **329**, 1180 (2010).
[2] M. Otsuka, et al.: *MNRAS*, **437**, 2577 (2014).
[3] T. Wakabayashi, et al.: *Z. Phys.*, **D40**, 414 (1997).

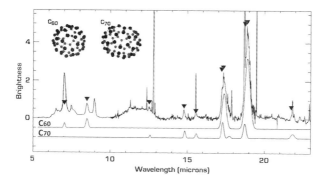

地球から約 6000 光年にある星雲 Tc 1 で検出された C_{60} と C_{70} の存在を明確に示す赤外発光スペクトル（白線）（カラー図は口絵参照）

既知の C_{60}（赤線）と C_{70}（青線）の赤外活性バンドと比較するため，この図では生データからこのスペクトル領域に現れる連続的な発光バンドを差し引いてある．
（2010 年 7 月 22 日の NASA/JPL-Caltech/University of Western Ontario 記者会見資料（http://www.nasa.gov/mission_pages/spitzer/news/spitzer2010722.html）より）

（首都大学東京名誉教授　阿知波洋次）

第2章

様々なフラーレンの合成・構造と性質

　フラーレンには C_{60} 以外にも様々なものが知られており，表2.1に示すようにフラーレン，内包フラーレン，ヘテロフラーレン，内包ヘテロフラーレンの4種類に大別される．

　フラーレンは偶数個の炭素原子のみから構成され，かご（ケージ）状の多環縮環構造をもつ炭素分子である．炭素のケージ構造には五員環が必ず12個存在し，残りは六員環で占められる．構成炭素数 n に応じて C_n と表記され，内包フラーレンと対比する場合には空フラーレンとも呼ばれる．60よりも少ない炭素数からなるフラーレンは低次フラーレン，70以上の炭素数からなるフラーレンは高次フラーレンと呼ばれる．フラーレンの内部空間に原子や分子を封じ込めたものは内包フラーレンと呼ばれる．

　内包フラーレンは，内包される化学種に対応して，希ガス内包フラーレン，15族原子内包フラーレン，金属内包フラーレン，リチウムイオン内包フラーレン，分子内包フラーレンに分類され，物性は大きく異なる．合成法も様々であり，フラーレン形成と同時に内包化が行われる方法と，すでに形成されているフラーレンに対して内包種を挿入する方法の2種類に大別される．ヘテロフラーレンは，ケージ構造を構成する炭素原子を他の原子に置き換えたフラーレンで，例えば炭素原子1個を窒素原子に置き換えたものが合成されている．原子あるいは分子を内包したヘテロフラーレンはこれ

表 2.1 フラーレンの分類

分類		代表的な例	主な合成法
フラーレン (空フラーレン)		C_{60}, C_{70}, C_{76}, C_{78}, C_{80}, C_{82}, C_{84}	アーク放電法, 燃焼法
内包フラーレン	希ガス内包フラーレン	$He@C_{60}$, $Ne@C_{60}$, $Ar@C_{60}$, $Kr@C_{60}$, $Xe@C_{60}$	高圧合成法, 有機合成
	15族原子内包フラーレン	$N@C_{60}$, $N@C_{70}$, $P@C_{60}$	イオンインプランテーション法, グロー放電法, 高周波プラズマ法
	金属内包フラーレン	$La@C_{82}$, $La_2@C_{80}$, $Sc_3N@C_{80}$, $Lu_3N@C_{80}$, $Sc_3C_2@C_{80}$	アーク放電法
	リチウムイオン内包フラーレン	$[Li@C_{60}]^+[SbCl_6]^-$	イオンインプランテーション法, イオンプラズマ法
	分子内包フラーレン	$H_2@C_{60}$, $H_2O@C_{60}$	有機合成
ヘテロフラーレン		$(C_{59}N)_2$, $(C_{69}N)_2$	有機合成
金属内包ヘテロフラーレン		$Y_2@C_{79}N$, $Tb_2@C_{79}N$, $Gd_2@C_{79}N$	アーク放電法

まで報告例が少ないものの,第4のフラーレンとして区分することができる.本章では,これらのフラーレンの合成とその構造および性質について述べる.

ここで,フラーレンの炭素ケージの表記について説明する.フラーレンでは炭素の五員環と六員環の配置の違いによる構造異性体が存在するので,C_n と表記しただけではそれらを区別できない.そこで異性体を区別するときには,炭素ケージの対称性を表す Schönflies 記号と,括弧書きで Fowler と Manolopoulos が提案するスパイラルアルゴリズム(第5章参照)に基づくケージ構造の番

号を記載する(例えば$D_2(1)$-C_{76}と$T_d(2)$-C_{76}など)[1].

内包を表す記号としては「@」が慣例的に用いられている.例えばC_{60}に1個の窒素原子を内包したフラーレンは「N@C_{60}」と表記される.これをIUPACの推奨する方法で表記すると,「incarcerated:閉じ込められた」を指す「i」を用いてi(N)C_{60}となるが,この表記法は普及していないようである.

2.1 フラーレン

2.1.1 フラーレンの合成法

フラーレンの合成法は,原料に着目すると,グラファイトを蒸発させて合成する方法,炭化水素を原料として合成する方法,フラーレンの展開図に相当する有機分子を原料として合成する方法の3つに分類される.

① グラファイトを原料とする方法

グラファイトを原料とする方法では,高温により昇華した炭素原子が衝突してフラーレンが生成する.グラファイトを昇華させる熱源の違いとしてレーザー蒸発法,抵抗加熱法,アーク放電法,高周波誘導加熱法がある.

高エネルギー密度のパルスレーザー照射により炭素原子を蒸発させるレーザー蒸発法(図2.1)は,Krotoらによる初めてのフラーレンの生成に用いられた方法[2]である.温度や圧力などの雰囲気条件を制御することが容易であることから,フラーレン生成機構の解明にも利用されている.また,結晶性が高く直径の揃ったカーボンナノチューブの合成にも用いられる.しかし,強力なレーザーが必要であること,および炭素の蒸発量が少なく収率は極めて低い

ことなどから,大量合成には不向きである.

抵抗加熱法は,先端を細くした2本のグラファイト電極を互いに接触させて通電し,その抵抗加熱により炭素原子を昇華させる方法である(図2.2).1990年にKrätschmerとHuffmanにより報告され,フラーレン研究のブレークスルーとなった合成法として知られる [3].生成したフラーレンは回収盤に付着した煤に含まれる.構造決定を行うのに十分な量のフラーレンの合成に初めて成功したことから,大量合成法と紹介されることも多いが,それはレーザー蒸発法と比較してのことであり,煤に含まれるフラーレン含有量は

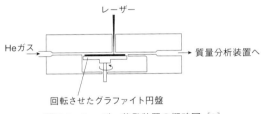

図2.1 レーザー蒸発装置の概略図 [2]

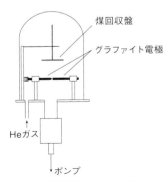

図2.2 抵抗加熱装置の概略図 [3]

わずか1%程度と低い．そのためすぐにアーク放電法にとって替わられることになる．

アーク放電法は，図2.3に示すように100〜150 Torrのヘリウム雰囲気下，グラファイト電極間を少し離した状態で電圧をかけ，アーク放電を起こすことで陽極の炭素原子を昇華させる方法である[4]．効率よく炭素を昇華させることができることから，3種類の昇華法の中で最も生産性に優れており，商業用フラーレンや金属内包フラーレンの合成にも用いられている．収率を上げるためには，電流・電圧・圧力・電極間距離といったパラメータを装置の構成に応じて最適化する必要がある．フラーレンは装置の壁面に堆積して生じる煤の中に含まれる．煤に含まれるフラーレン含有量は20〜30% [5]であり，その内訳はC_{60}が80〜85%，C_{70}が10〜15%，高次フラーレンが約5%である．一方，陰極にはカーボンナノチューブを含む固い堆積物が生成する．

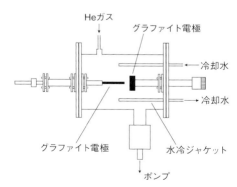

図2.3 アーク放電装置の概略図 [4]

② 炭化水素を原料とする方法

　減圧下，酸素と混合したベンゼンやトルエンなどの炭化水素を不完全燃焼させて連続的にフラーレンを合成する燃焼法 [6] は，当初の収率こそ低かったものの，改良されて現在では煤に含まれるフラーレン含有率は約 20％ に達している．原料の連続供給が可能なことから大量生産に適しており，商業用フラーレンの合成法として日本でも実用化されている．アーク放電法と比較して高次フラーレンの生成する割合が高く，C_{60} が 60％，C_{70} が 25％，高次フラーレンが 15％ である．燃焼法のほかに，炭化水素に超音波キャビテーションを与える方法 [7] も報告されている．

③ フラーレンの展開図に相当する有機分子を原料として合成する方法

　フラーレンの有機合成は，これまでにない高歪み化合物という観点からも有機合成化学者にとってチャレンジングであるとともに，フラーレンの選択的合成の確立やフラーレン生成機構の解明にも迫る課題である．最初に試みられたのが環状ポリインからの環化反応である．図 2.4 に示すシクロ[30]カーボン前駆体やシクロファン型の環状ポリイン前駆体に対し，レーザー脱離イオン化質量分析（laser desorption mass spectrometry；LD-MS）装置によりレーザー照射を行うと，フラーレンイオン（C_{60}^+）のシグナルが観測される [8,9]．ここではレーザー照射により前駆体からまずポリインが生成し，それが環化反応を繰り返してフラーレン構造を形成していくと考えられる．環状ポリイン前駆体からのフラーレン合成は質量分析での C_{60}^+ や C_{70}^+ 検出に留まっており，実際の単離には至っていないものの，フラーレン生成機構の議論に一石を投じた [10]．

　一方，2002 年に Scott らは，フラーレンの展開図に相当する有機分子を合成し，瞬間真空熱分解法（flash vacuum pyrolysis；FVP）

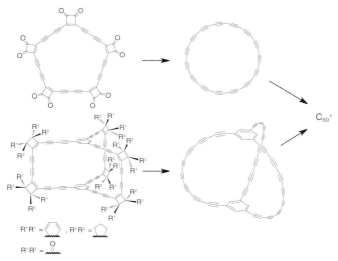

図 2.4 シクロ[30]カーボン前駆体（上左）およびシクロファン型の環状ポリイン前駆体（下左）からの C_{60}^+ の形成

により減圧下瞬間的に 1100℃ 程度の熱エネルギーを加えることによって，低収率（約 0.1〜1％）ながらも C_{60} を合成・単離することに成功した［11］．この方法も現在のところ C_{60} の大量合成としては現実的でないものの，フラーレン全合成への道を開く金字塔として知られる（コラム②参照）．

2.1.2 フラーレンの抽出・単離

FVP 法を除くフラーレン合成では，アモルファスカーボン（無定形炭素）などの不純物に加えて，炭素数の異なるフラーレンや構造異性体が数多く生成する．アモルファスカーボンやグラファイトとは異なり，フラーレンは有機溶媒に溶解する（2.1.3 節，表 2.3

参照）ので，合成されたフラーレンを含む煤から，ソックスレー抽出や溶媒中での加熱還流の操作によりフラーレンを抽出し，不溶成分と分離することができる．前者は溶媒を節約することができ，後者は煤と溶媒の接触する容器が高温になるので抽出効率を上げることができる．

フラーレンの代表的な精製法としては，昇華法，クロマトグラフィー法，アミンを用いた方法の3種類が挙げられる．これらの精製法について以下に説明する．

① 昇華法による分離精製

Krätschmerらが初めてC_{60}を単離するときに用いた昇華法 [3] は，蒸気圧の違いを利用して，減圧下高温で温度勾配をかけながらフラーレンを昇華させて分離精製を行う方法である．溶媒を使わないですむ利点はあるものの，分離効率は低い．表2.2に，Piacenteの算出したフラーレンの蒸気圧（p [kPa]）の式と，この式より求まる500℃での蒸気圧（Torr）を記載する．

② クロマトグラフィー法による分離精製

カラムクロマトグラフィーは，有機化合物の分離に最も広く用い

表2.2 フラーレンの蒸気圧*

フラーレン	蒸気圧の式（p [kPa], T [K]）	500℃での蒸気圧（Torr）	文献
C_{60}	$\log p = (8.28\pm0.20) - (9154\pm150)/T$	2.1×10^{-3}	[12]
C_{70}	$\log p = (8.38\pm0.15) - (9917\pm160)/T$	2.7×10^{-4}	[13]
C_{76}	$\log p = (8.23\pm0.20) - (10150\pm150)/T$	9.4×10^{-5}	[14]
C_{84}	$\log p = (7.92\pm0.30) - (10950\pm300)/T$	4.3×10^{-6}	[15]

*1 kPa = 7.5 Torr.

られている方法の1つである．筒状の容器に充填剤（固定相）を詰め，混合物試料を載せて上から溶媒（移動相）を流し，固定相との親和性の差を利用して化合物を分離する．Kroto と Taylor らは固定相に中性アルミナ，移動相に n-ヘキサンを用いてフラーレン抽出液からの C_{60} と C_{70} の単離に成功し，それらの ^{13}C NMR 測定による構造解析に至った [16]．その後，Tour らによるシリカゲルと活性炭の混合物を固定相としたカラムクロマトグラフィー法の開発により，より簡便に C_{60} や C_{70} を分離できるようになった [17]．しかし，カラムクロマトグラフィーでは高次フラーレンや内包フラーレンに対しての分離能は低く，これらの分離精製は現実的ではない．

高速液体クロマトグラフィー（high performance liquid chromatography；HPLC）は，粒径が小さく分離能の高い固定相を用い，ポンプで高圧をかけて移動相を送液することで化合物を分離する方法であり，高次フラーレンや内包フラーレンの分離精製にも有用である．C_{60} と C_{70} の分離については，光学活性物質の分離に使われる既存のカラムを転用することもできる [18]．一方で高次フラーレンの場合には，炭素数が同程度のフラーレンとの保持時間が近接していたり，構造異性体が多く含まれていたりすることもあり，より精密な分離が求められる．そのため，フラーレンの分離に適した種々の固定相が開発されている．これらの固定相を組み合せた多段階の HPLC 分離により，様々なフラーレンやその誘導体が単離されている．フラーレンの分離に用いられる代表的な HPLC カラムの特徴と固定相に結合・担持されている有機基の構造（図 2.5）を次に示す．

Buckyclutcher：フラーレンの分離を目的として初めて開発されたカラム．

PYE：フラーレンの分離や構造異性体の分離に適している．

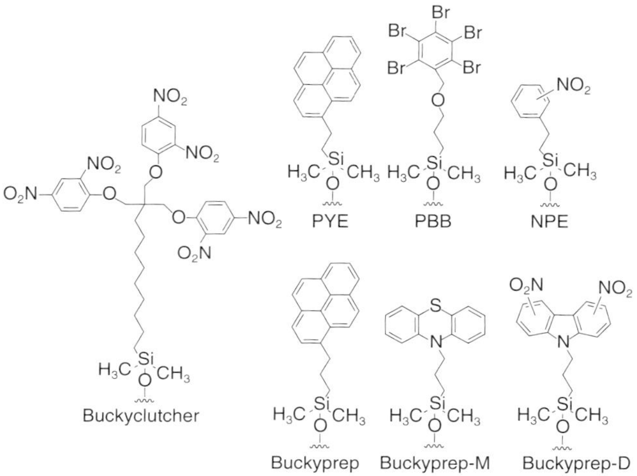

図 2.5 HPLC カラムの固定相に結合・担持されている有機基の構造

PBB：C_{60} や C_{70} の大量分取に適している．
NPE：フラーレン誘導体の分離に適している．
Buckyprep：フラーレンの分離全般に用いられる．
Buckyprep-M：金属内包フラーレンの分離に適している．
Buckyprep-D：フラーレン誘導体の分離に適している．

③ アミンを用いたフラーレンの分離精製

　高い電子受容性のフラーレンと高い電子供与性のアミンは，電荷移動相互作用により錯体を形成する．フラーレンのキシレン溶液にジアザビシクロウンデセン（1,8-diazabicyclo[5.4.0]undec-7-ene；DBU）を加えると電荷移動錯体が生じ，無極性溶媒には不溶であるために沈殿となる［19］．フラーレンの種類によって電子受容性が少しずつ異なることから，この手法により電荷移動錯体として高

次フラーレンを沈殿・分離させることで C_{60} を単離することができる．この方法はスケールアップが容易であるために工業的にも用いられている [20]．

2.1.3 フラーレンの溶解性

C_{60} の有機溶媒への溶解度を表 2.3 に示す．二硫化炭素は毒性が強いものの，フラーレン全般に対して高い溶解性を示し，沸点も低いため，溶媒として広く用いられている．また，芳香族溶媒も良好な溶解性を示し，特に複数の塩素置換基をもつものやナフタレン系溶媒は著しく高い溶解性を示すが，沸点が高く除去し難いという難点をもつ．これに対して脂肪族炭化水素やアルコール，エーテル系溶媒に対する溶解性は極めて低い．また，高次フラーレンではファンデルワールス相互作用が大きくなるために凝集しやすくなり，有機溶媒への溶解性は低下する．

2.1.4 フラーレンの構造

炭素の五員環と六員環からなるフラーレンは，幾何学的に多面体としてとらえることができる．オイラーの多面体定理によれば，球状の多面体において頂点の数を n，辺の数を e，面の数を f とすると，多面体公理として式(2.1)が成り立つ．

$$n - e + f = 2 \tag{2.1}$$

また，フラーレンでは $e = 3n/2$ となるので，式(2.2)が成り立つ．

$$f = \frac{n}{2} + 2 \tag{2.2}$$

ここで五員環の数を p，六員環の数を h とすると，頂点の数 n と面の数 f はそれぞれ式(2.3)と式(2.4)で表現される．

表2.3 C_{60}の有機溶媒への溶解度 [21]

溶媒		沸点 (℃)	[C_{60}] (mg/mL)	モル分率 ($\times 10^4$)
アルカン	n-ペンタン	37	0.005	0.008
	n-ヘキサン	69	0.043	0.073
	シクロヘキサン	81	0.036	0.059
ハロアルカン	塩化メチレン	40	0.26	0.27
	クロロホルム	61	0.16	0.22
	四塩化炭素	77	0.32	0.40
	トリクロロエチレン	87	1.4	1.7
	テトラクロロエチレン	121	1.2	1.7
	1,1,2,2-テトラクロロエタン	146	5.3	7.7
極性溶媒	アセトン	56	0.001	0.001
	メタノール	65	0.000	0.000
	エタノール	78	0.001	0.001
	アセトニトリル	82	0.000	0.000
	N-メチル-2-ピロリドン(NMP)	202	0.89	1.2
ベンゼン系	ベンゼン	80	1.7	2.1
	フルオロベンゼン	85	0.59	0.78
	トルエン	111	2.8	4.0
	クロロベンゼン	132	7.0	9.9
	キシレン	137–140	5.2	8.9
	アニソール	154	5.6	8.4
	ブロモベンゼン	156	3.3	4.8
	メシチレン	164	1.5	3.1
	1,2-ジクロロベンゼン(1,2-DCB)	180	27	53
	ベンゾニトリル	191	0.41	0.71
	テトラリン	207	16	31
	ニトロベンゼン	210	0.80	1.1
	1,2,4-トリクロロベンゼン(TCB)	213	8.5	15
ナフタレン系	1-メチルナフタレン	241	33	68
	1-クロロナフタレン (1-ClNp)	263	51	97
	1-フェニルナフタレン	320	50	131
その他	二硫化炭素	46	7.9	6.6
	テトラヒドロフラン (THF)	67	0.000	0.000
	ピリジン	115	0.89	0.99

$$n = \frac{5p + 6h}{3} \tag{2.3}$$

$$f = p + h = \frac{n}{2} + 2 \tag{2.4}$$

これを解くと,$p=12$,$h=n/2-10$ となる.したがって,フラーレン C_n には必ず五員環が12個,六員環が $n/2-10$ 個存在する.

フラーレン構造の安定性は,角度歪みと π 電子系の安定性の両者のバランスに起因する.角度歪みを定量化する指標として,Haddon の提唱した POAV(π-orbital axis vector)値が用いられる[22].着目する炭素原子を中心に考えたとき,結合する3つの炭素原子のなす平面と直交する方向に π 軌道が向くとする.このとき着目する炭素原子の σ 軌道と π 軌道のなす角度($\theta_{\sigma\pi}$)から90を差し引いた角度が POAV 値として定義される(図2.6).例えばベンゼンでは,炭素原子が理想的な sp^2 混成をとり平面となるので POAV 値は0になり,隣接する π 軌道との軌道の重なりが最大となる.一方,フラーレンの炭素原子は理想的な sp^2 混成とはならず,隣接する π 軌道間の重なりも減少し,POAV 値は0にはならない.POAV 値が大きいほど角度歪みが大きく,安定性が低下する.第3章で述べるように POAV 値は化学反応性の指標の1つとしても用

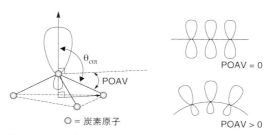

図2.6 POAV 値の定義および π 軌道間の重なりの模式図

安定なフラーレンを考える上で重要になるのが，1987 年に Kroto が提唱した孤立五員環則（isolated pentagon rule；IPR）である [23]．安定なフラーレンでは五員環同士は隣接しないとする IPR は理論的にも支持されており [24]，単離されるフラーレンを考える上で重要な経験則となっている．IPR を満たさないフラーレンを non-IPR フラーレンと呼ぶ．フラーレンの局所歪みは五員環により誘起されるが，non-IPR フラーレンでは五員環が隣接するので IPR フラーレンよりも高歪みになるばかりでなく，図 2.7 に示す五員環の隣接は 8π 電子系となり反芳香族性による不安定化を受ける．低次フラーレンには IPR を満たすものはなく，すべて non-IPR であ

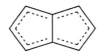

図 2.7　五員環が隣接した 8π 電子系

表 2.4　IPR フラーレンの異性体の数および non-IPR フラーレンを含めた異性体の数*

C_n	IPRのみ	non-IPR含む	C_n	IPRのみ	non-IPR含む	C_n	IPRのみ	non-IPR含む
C_{60}	1	1,812	C_{74}	1	14,246	C_{88}	35	81,738
C_{62}	0	2,385	C_{76}	2	19,151	C_{90}	46	99,918
C_{64}	0	3,465	C_{78}	5	24,109	C_{92}	86	126,409
C_{66}	0	4,478	C_{80}	7	31,924	C_{94}	134	153,493
C_{68}	0	6,332	C_{82}	9	39,718	C_{96}	187	191,839
C_{70}	1	8,149	C_{84}	24	51,592	C_{98}	259	231,017
C_{72}	1	11,190	C_{86}	19	63,761	C_{100}	450	285,913

*鏡像異性体は含まない．

る．IPR フラーレンの異性体の数および non-IPR フラーレンを含めた異性体の数を表 2.4 に示す．

これまでに抽出・単離されているフラーレンはすべて IPR を満足している．最高被占軌道（highest occupied molecular orbital；HOMO）と最低空軌道（lowest unoccupied molecular orbital；LUMO）のエネルギーギャップが大きく，閉殻電子構造をもつものが多い．高次フラーレンでは異性体の数が増大するが，これらの異性体の収量は一般的に非常に低く，これまでに単離されて構造が決定されたものは限られている．

一方で，HOMO-LUMO ギャップが非常に小さい，またはビラジカル性の開殻電子構造をもつフラーレンは他の分子との相互作用が強いので，生成しても一般には有機溶媒へ抽出されず煤に残留すると考えられている．しかし，$D_{3h}(1)$-C_{74} や $T_d(2)$-C_{76} のようにビラジカル性の開殻電子構造をもつものであっても，後述する二電子還元や化学修飾により閉殻電子構造にして HOMO-LUMO ギャップを大きくすることで抽出・単離できるフラーレンも存在する．以下に代表的な空フラーレンを紹介する．なお，C_{84} よりも大きい IPR フラーレンについては一覧を付録（表 5.1）に記載する．

① フラーレン C_{60}

60 個の炭素がすべて等価で I_h という最も高い対称性をもつ C_{60} は，IPR を満たす最小のフラーレンであり，最も豊富に生成する．溶媒に溶かすと紫色を呈する．C_{60} には六員環-六員環接合部位の結合（[6,6]-結合）と五員環-六員環接合部位の結合（[5,6]-結合）の 2 種類の結合が存在する．中性子線回折，電子線回折，X 線回折により求められた結合距離は，[6,6]-結合が 1.39 Å，[5,6]-結合が 1.45 Å となっていて，それぞれ二重結合性と単結合性を帯

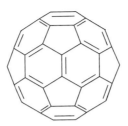

図 2.8 C_{60} のケクレ構造

びており,明瞭な結合交替を示す [25-27]. 五員環内の二重結合の数が最小になるようにケクレ構造を書くとベンゼン環構造の数が最も多くなり,最も寄与の大きい構造を表現できる(図 2.8). C_{60} の POAV 値は 11.64° であり,この歪みによりグラファイトと比較して炭素原子当たり 9.1 kcal mol^{-1} の生成熱をもっており,高い化学反応性の主な要因となる [28].

② フラーレン C_{70}

IPR を満たす D_{5h} 対称の C_{70} は,C_{60} に次いで豊富に生成するフラーレンで,C_{60} がサッカーボール構造をもつのに対して C_{70} はラグビーボールのような構造をもち,溶媒に溶かすと橙色を呈する.図 2.9 に示すように C_{70} には 5 種類の非等価炭素 (a, b, c, d, e) があり,^{13}C NMR スペクトルでは 5 本(10 C×3, 20 C×2)のシグナルが観測される [16]. 結合の種類は,[6,6]-結合が 5 種類 (a-a, a-b, c-c, d-e, e-e),[5,6]-結合が 3 種類 (b-c, c-d, d-d) である.これらのうち,a-b 結合 (1.38 Å) と c-c 結合 (1.37 Å) は二重結合距離に近く,a-a, b-c, c-d, e-e 結合 (1.45-1.46 Å) は単結合距離に近い.炭素 a, b, c, d, e の POAV 値はそれぞれ 11.96°, 11.96°, 11.46°, 10.06°, 8.78° となっている.C_{70} の長軸を立てて

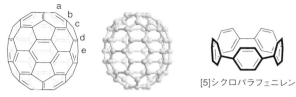

図 2.9 C$_{70}$ および[5]シクロパラフェニレンの構造

見たときの「赤道面」にあたる部分は[5]シクロパラフェニレンに相当する構造をもち,この六員環には結合交替はほとんど見られない(図 2.9).

③ フラーレン C$_{72}$

IPR を満たす C$_{72}$ は D_{6d} 対称の異性体のみである.しかし,この $D_{6d}(1)$-C$_{72}$ の単離・同定の報告例はこれまでない.理論計算によれば,IPR を満たさない $C_{2v}(11188)$ 対称の構造がおよそ 11 kcal/mol も安定である[29].これは,空フラーレンで non-IPR 構造が IPR 構造よりも安定になる唯一の例である.$D_{6d}(1)$-C$_{72}$ は平面分子のコロネ

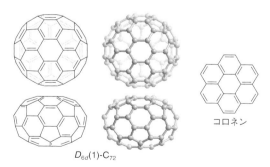

図 2.10 $D_{6d}(1)$-C$_{72}$ およびコロネンの構造

ンに相当する部分構造が上下の2ヵ所にあるため,炭素ケージが大きく扁平している(図2.10).この大きな角度歪みが不安定化の要因と考えられる.C_{2v}(11188)-C_{72}自体は単離されていないものの,JansenやXieらはそれぞれ独立に,塩素化された誘導体としてC_{2v}(11188)-$C_{72}Cl_4$の合成・単離を報告している(2.1.5参照)[30].

④ フラーレン C_{74}

C_{74}のIPRを満たす異性体はD_{3h}対称の構造が1種類あるのみである(図2.11).C_{74}は質量分析から煤や昇華生成物の中にその存在が確認されるものの,不溶性のため有機溶媒に抽出されない.これは,HOMO-LUMOギャップが非常に小さく,ビラジカル性をもつ開殻電子構造なので反応性が高いためと考えられる.D_{3h}(1)-C_{74}を含む煤を電気化学的に還元すると,閉殻電子構造をもつジアニオンが生成し,有機溶媒に抽出できるようになる[31].一方,電気化学的還元により抽出した後,酸化して中性にしたD_{3h}(1)-C_{74}の

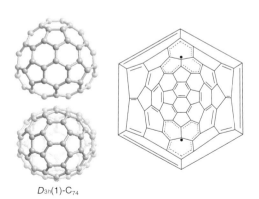

D_{3h}(1)-C_{74}

図 2.11　D_{3h}(1)-C_{74}の構造とそのシュレーゲル図
図中,点線部はフェナレニルに相当する部分構造.

不溶性固体に対し，K_2PtF_6 を加えて真空中 500℃ で加熱してフルオロ化，あるいは銅粉末を混ぜて CF_3I ガス雰囲気下 500℃ で加熱してトリフルオロメチル化を行うと，化学的に安定で溶解性の高い誘導体である $D_{3h}(1)$-$C_{74}F_{38}$ や $D_{3h}(1)$-$C_{74}(CF_3)_{12}$ としてそれぞれ抽出・単離することができる [32, 33]．

⑤ フラーレン C_{76}

IPR を満たす C_{76} は $D_2(1)$-C_{76} と $T_d(2)$-C_{76} の 2 種類のみである（図 2.12）．このうち，$D_2(1)$-C_{76} のみが鏡像異性をもつフラーレンとして単離・同定されている [34]．$D_2(1)$-C_{76} は，$T_d(2)$-C_{76} よりも角度歪みが大きいが，基底状態が三重項の開殻電子構造をもつ $T_d(2)$-C_{76} とは異なり，HOMO が縮退した閉殻電子構造をとる [35]．理論計算によれば，$T_d(2)$-C_{76} が Jahn-Teller 変形により D_{2d} 対称になったとしても，$D_2(1)$-C_{76} の方が 43 kcal/mol も安定である．一方で Boltalina らは，高次フラーレンを含む不溶性固体に対してトリフルオロメチル化を行い，$T_d(2)$-C_{76} をトリフルオロメチル化体として抽出・単離することに成功している [33 a]．

⑥ フラーレン C_{78}

C_{78} には IPR を満たす 5 種類の異性体がある．実験でも複数の異

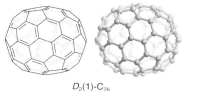

$D_2(1)$-C_{76} $T_d(2)$-C_{76}

図 2.12　$D_2(1)$-C_{76} および $T_d(2)$-C_{76} の構造

性体が得られることから,フラーレン研究の黎明期においてフラーレンの構造異性を議論する格好の題材となった [36].理論計算によれば,エネルギーの相対安定性は,

$$C_{2v}(3)\text{-}C_{78} > D_3(1)\text{-}C_{78} \sim C_{2v}(2)\text{-}C_{78} \sim D_{3h}(5)\text{-}C_{78} > D_{3h}(4)\text{-}C_{78}$$

の順番に減少する [37].1991 年に Diederich らは,$C_{2v}(3)\text{-}C_{78}$ と $D_3(1)\text{-}C_{78}$ が 5:1 の生成比で得られる実験結果を報告した [38].一方,1992 年に菊池らは Diederich らとは異なる合成条件にて 3 種類の異性体 $C_{2v}(3)\text{-}C_{78}$,$C_{2v}(2)\text{-}C_{78}$,$D_3(1)\text{-}C_{78}$ を 5:2:2 の生成比で得ており [39],合成条件の違いによって異性体の生成比が異なることを報告した.また,菊池らは異性体の生成比がヘリウム圧に依存することも見出している [40].これらの結果から,異性体の生成比には,生成過程に速度論的な要因が関与していることが示唆された.最近では,$D_{3h}(5)\text{-}C_{78}$ および $D_{3h}(4)\text{-}C_{78}$ の生成も実験的に確認されている [33, 41].

⑦ フラーレン C_{80}

C_{80} には IPR を満たす 7 種類の異性体があるが,このうちエネルギー的に安定であり,HOMO–LUMO ギャップの大きい $D_2(2)\text{-}C_{80}$ が最も豊富に単離されている.$D_{5d}(1)\text{-}C_{80}$ も単離・同定されているが,$D_2(2)\text{-}C_{80}$ に対する生成比はおよそ 1/30 である [42].多くの高次フラーレンは二硫化炭素に溶かすと褐色を呈するものが多いが,$D_{5d}(1)\text{-}C_{80}$ は緑色を呈する.開殻電子構造をもつ $I_h(7)\text{-}C_{80}$,$D_{5h}(6)\text{-}C_{80}$,$C_{2v}(5)\text{-}C_{80}$ は金属内包フラーレンの炭素ケージに見られるが,トリフルオロメチル化体として単離された $C_{2v}(5)\text{-}C_{80}$ を除いて,空フラーレンとしては単離されていない [33 a].

⑧ フラーレン C$_{82}$

C$_{82}$ には IPR を満たす 9 種類の異性体があるが,このうち閉殻電子構造をもちエネルギー的に最も安定な $C_2(3)$–C$_{82}$ のみがこれまでに単離・同定されている.同様に閉殻電子構造をもつ $C_2(5)$–C$_{82}$ は,トリフルオロメチル化体として単離された例が報告されている [33 a].開殻電子構造をもつ $C_{2v}(9)$–C$_{82}$ や $C_s(6)$–C$_{82}$ は,金属内包フラーレンの構造によく見られる炭素ケージであるが,空フラーレンとしては合成・単離されていない.

⑨ フラーレン C$_{84}$

C$_{84}$ には IPR を満たす 24 種類の異性体がある.実験では,He を内包させて ^{3}He NMR 測定を行うことにより,少なくとも 9 種類の異性体の生成が確認されている [43].最も豊富に単離される異性体は,エネルギー的に安定な $D_2(22)$–C$_{84}$ と $D_{2d}(23)$–C$_{84}$ の 2 種類で,これらの生成比は合成条件によらず 2 : 1 である [39, 44].これは,これらの異性体の生成が熱力学的支配によることを支持している.最近では,生成量の少ない $C_s(14)$–C$_{84}$ も単離され,X 線結晶構造解析によりその構造が決定されている [45].Boltalina らは,高次フラーレン混合物に対してトリフルオロメチル化およびペンタフルオロエチル化を行い,$D_{2d}(4)$–C$_{84}$,$C_2(11)$–C$_{84}$,$C_s(16)$–C$_{84}$,$C_{2v}(18)$–C$_{84}$,$D_2(22)$–C$_{84}$,$D_{2d}(23)$–C$_{84}$ をトリフルオロメチル化あるいはペンタフルオロエチル化体として単離することに成功している [46].Troyanov らも,高次フラーレン混合物に対してペンタフルオロエチル化を行い,$C_s(16)$–C$_{84}$ のペンタフルオロエチル化体を単離している [47].

2.1.5 化学修飾によるnon-IPRフラーレンの安定化

non-IPRフラーレンは,化学修飾することにより隣接五員環の炭素の一部またはすべてをsp^3混成にすることで反芳香族性と角度歪みが解消され,安定化することができる.化学修飾されたnon-IPRフラーレンには,図2.13(a)に示す2個の五員環が隣接(double fused pentagons;DFP)したもの,図2.13(b)に示す3個の五員環が直線状に隣接(triple sequentially fused pentagons;TSFP)したもの,図2.13(c)に示す3個の五員環が円状に隣接(triple directly fused pentagons;TDFP)したものばかりでなく,七員環を含むもの[48]もある.

これまでに報告されている,化学修飾により安定化されたnon-IPRフラーレンの一覧は付録(表5.2)に記載する.安定なnon-IPRフラーレン誘導体の合成は,適切な添加物を加えてアーク放電により合成する方法と,空フラーレンの熱分解により合成する方法が知られている.例えば,バッファガスのヘリウムガスに塩素源として四塩化炭素を加えてアーク放電を行うと,IPRフラーレンだけでなくnon-IPR構造をもつ様々な塩素化フラーレンが生成する.イットリウムを含む炭素棒を用いたアーク放電において,放電部分の近傍にポリテトラフルオロエチレン(polytetrafluoroethylene;PTFE)を共存させると,$Y@C_{74}(CF_3)$などのトリフルオロメチル化された金属内包フラーレンが生成する[49].水素化フラーレン$C_{64}H_4$は

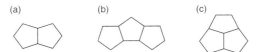

図2.13 non-IPRフラーレンに見られる五員環の縮環様式,(a) DFP,(b) TSFP,(c) TDFP

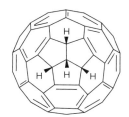

図 2.14　提案されている $C_{64}H_4$ の構造

バッファガスにメタンガスを加えてアーク放電を行うことで得られる [50]．$C_{64}H_4$ の X 線結晶構造解析は行われていないものの，理論計算と実験結果との比較に基づき，図 2.14 のように [5,5]-結合で接する炭素に水素が結合して sp^3 混成になった TDFP 構造をもつことが提案されている．

Troyanov らは $D_2(1)$-C_{76} に過剰量の塩化アンチモンを加え真空下 340℃ で 4-5 日間加熱すると塩素化が進行し，7 カ所で C_2 部位が 90° 回転して結合を組み替える Stone-Wales 転位（図 2.19(a) 参照）が起きて，non-IPR の炭素ケージをもつ $C_2(18917)$-$C_{76}Cl_{24}$ が得られることを報告した [51]．これを皮切りに，Troyanov らは

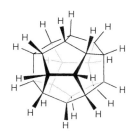

図 2.15　ドデカヘドラン $C_{20}H_{20}$ の構造

様々な IPR フラーレンを原料とした熱転位・熱分解による non-IPR フラーレン誘導体の合成を報告している.

C_{20} は 12 個の五員環のみから構成される最小のフラーレンであるが,C_{20} 自体は非常に不安定であり,気相中あるいは固相中でのみ存在が確認されている [52].Paquette らにより合成・単離された $C_{20}H_{20}$ はドデカヘドランとして知られているが,これは水素化により C_{20} の炭素が sp^3 混成となり安定化した non-IPR フラーレンとみなすことができる(図 2.15)[53].

2.1.6 フラーレンの鏡像異性

フラーレンでは鏡像異性が発現する場合がある(フラーレンでは,系統的な番号付け(systematic;s)もしくは慣用的な番号付け(trivial;t)により,時計回り(Clockwise;C)もしくは反時計回り(Anticlockwise;A)になる鏡像異性体を $^{f,s}C$,$^{f,s}A$,$^{f,t}C$,$^{f,t}A$ のように表記する.詳細については付録 5.2 節参照).$D_2(1)$-C_{76},$D_3(1)$-C_{78},$D_2(22)$-C_{84} には鏡像異性があり,例えば不斉オスミウム化によって光学分割することができる [54].これらのラセミ体に対し,不斉配位子と OsO_4 を用いて不斉 Sharpless オスミウム化

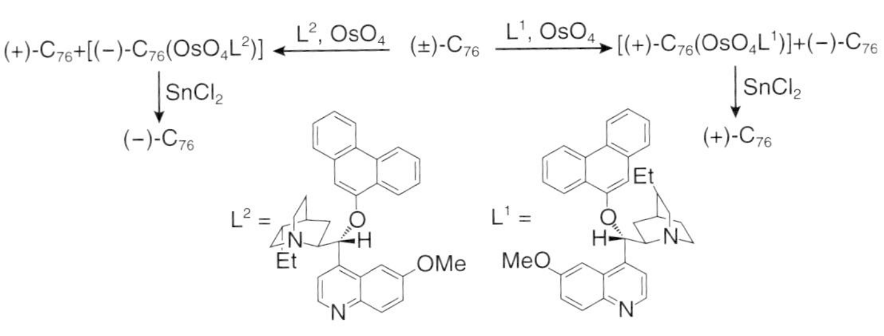

図 2.16 不斉 Sharpless オスミウム化による $D_2(1)$-C_{76} の光学分割

を行なうと，一方の鏡像異性体が優先的にオスミウム化される．オスミウム錯体に$SnCl_2$を作用させるとオスミウムは脱離するので，光学純度の高い鏡像異性体が得られる（図2.16）．また，Bingel反応により付加体を合成してジアステレオマーとして分離した後に定電位バルク電解（constant potential electrolysis；CPE）によるレト

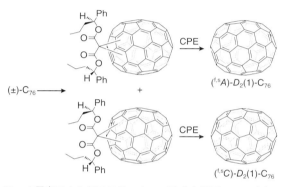

図2.17 Bingel反応によるジアステレオマー形成を利用した$D_2\langle 1\rangle$-C_{76}の光学分割

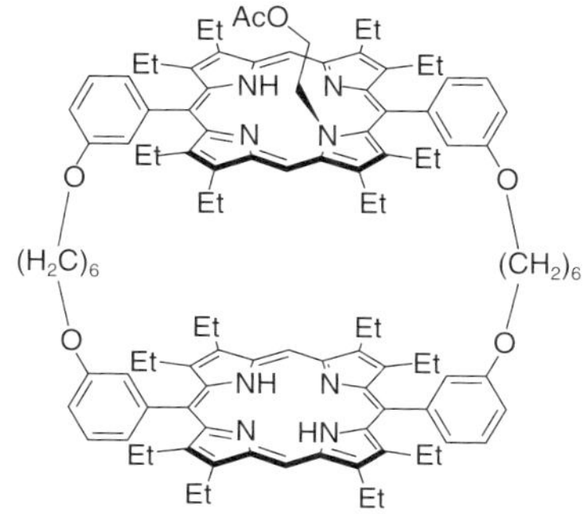

図2.18 $D_2\langle 1\rangle$-C_{76}を不斉認識して錯形成する環状ポルフィリン二量体

ロ Bingel 反応を行うことで光学分割する方法 [55]（図 2.17）や，キラルな環状ポルフィリン二量体（図 2.18）との相互作用を利用する方法が報告されている [56].

絶対配置は円偏光二色性（circular dichroism；CD）スペクトルの実験値と計算値との比較に基づき帰属されている．$D_2(1)$-C_{76} では 282 nm に負の CD シグナルを示す異性体が $^{f,s}A$ 体，正の CD シグナルを示す異性体が $^{f,s}C$ 体，$D_2(22)$-C_{84} では 380 nm に正の CD シグナルを示す異性体が $^{f,s}A$ 体，負の CD シグナルを示す異性体が $^{f,s}C$ 体と報告されている [57,58].

キラル固定相を用いた HPLC による光学分割は，フラーレンが官能基をもたないことや球状構造であることから一般に容易ではないが，岡本らは amylose tris [(3,5-dimethylphenyl) carbamate] を用いたリサイクル HPLC（展開溶媒：n-ヘキサン/クロロホルム 4：1）により $D_2(1)$-C_{76} の光学分割に成功している [59].

$D_2(22)$-C_{84} は，2 カ所のピラシレン部位で Stone–Wales 転位が起こると $D_{2d}(23)$-C_{84} 構造を経由してラセミ化が進行するはずである

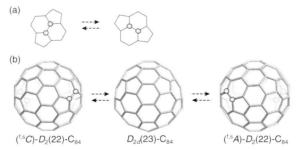

図 2.19 （a）ピラシレン構造の Stone–Wales 転位，（b）$D_2(22)$-C_{84} の Stone–Wales 転位によるラセミ化
図中の小球◯は転位する炭素原子を表す．

(図 2.19). しかし $D_2(22)$-C_{84} を 700°C まで加熱しても,光学活性は不変であった.このことから,$D_2(22)$-C_{84} での Stone–Wales 転位には少なくとも 83 kcal/mol 以上のエネルギー障壁があると見積もられた [60].

2.1.7 フラーレンの芳香族性

フラーレンの芳香族性には,結合距離,磁気的特性,π電子の非局在化という 3 つの基準に基づいた評価がなされている.Kruszewski と Krygowski によって提唱された HOMA (harmonic oscillator model of aromaticity) は,完全な芳香族系と推定される最適値からの結合長の偏差平方規格和で定義される値であり,構造に基づく芳香族性の指標として用いられる [61].HOMA 値が 0 に近づくほど非芳香族性,1 に近づくほど芳香族性であることを意味する.一方,NICS (nucleus-independent chemical shift) は Schleyer によって提唱された磁気的特性に基づいて芳香族性を評価する指標であり,着目する環の内部に置いた仮想的な原子の化学シフト値である [62].NICS 値が負であれば芳香族性を示し,正であれば反芳香族性を示す.また,PDI (para delocalization index) は π 電子の非局在化に基づく芳香族性の指標であり,六員環上のパラ位の関係にある炭素間の電子の非局在化度合いを平均値としてとったものである [63].

表 2.5 に示すように,C_{60} と C_{70} の HOMA,NICS,PDI は同様の傾向を示す [64].これらの値はいずれも五員環が反芳香族性を示すのに対し,六員環は芳香族性を示すが,その程度は様々であることがわかる.C_{60} と C_{70} を比較すると,π電子系が拡張された C_{70} の方が芳香族性は大きい.また,POAV 値が小さく平面性の高い六員環ほど芳香族性が大きい傾向があり,C_{70} ではシクロパラフェニレ

表 2.5　C_{60}，C_{70}，およびベンゼンの HOMA，NICS，PDI

分子	環	HOMA	NICS (ppm)	PDI (electron)
C_{60}	五員環-A	−0.485	6.3	
	六員環-B	0.256	−6.8	0.046
C_{70}	五員環-A	−0.481	2.8	
	六員環-B	0.294	−11.5	0.046
	五員環-C	−0.301	−1.3	
	六員環-D	0.141	−8.8	0.028
	六員環-E	0.697	−17.3	0.059
ベンゼン	六員環	0.987	−11.7	0.101

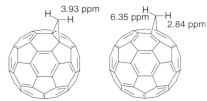

図 2.20　C_{60} のメタノフラーレンおよびフレロイドの構造と ^{1}H 化学シフト値

ン部位の六員環が最も大きな芳香族性を示す．

　図 2.20 に示すフラーレンの誘導体である [6,6]-閉環構造のメタノフラーレンおよび [5,6]-開環構造のフレロイドでは，炭素ケージの六員環あるいは五員環の上に水素原子が配置されるため，^{1}H NMR により環電流の影響を観測できる [65]．特にフレロイドでは 60π 電子系が保持されるため，π 電子系に対する化学修飾の影響が最低限に抑えられる．C_{60} や C_{70} のフレロイド誘導体では，五員環上に位置する水素原子が 5.2〜6.8 ppm，六員環上に位置する水素原子が 2.8〜3.4 ppm に観測される [65,66]．このことから六員環はジアトロピック（反磁性，芳香族性），五員環はパラトロピック（常

磁性,反芳香族性)な環電流効果があることがわかる.

2.1.8 フラーレンの酸化還元特性

フラーレンは優れた電子受容性をもつことが知られており,サイクリックボルタンメトリー(cyclic voltammetry;CV)や微分パルスボルタンメトリー(differential pulse voltammetry;DPV)などの電気化学的な酸化還元電位の測定が広く行われている.C_{60}のLUMOは三重に縮重しているので,6個の電子を受け取ることができる.Echegoyenらは非プロトン性溶媒(アセトニトリル/トルエン1:5)を用いて,減圧下の−10℃でC_{60}の電気化学測定を行い,Fc/Fc^+の電位を基準として,各半波電位−0.98,−1.37,−1.87,−2.35,−2.85,−3.26 Vに明瞭な可逆波を観測している[67].また,C_{70}についてもEchegoyenらは同様の方法で六電子還元の観測を行っている.フラーレンの還元種と対カチオンからなる塩はフラーライド塩と呼ばれ,化学還元やバルク電解法により合成することができる.一方,フラーレンの酸化種と対アニオンからなる塩はフラーレニウム塩と呼ばれる.

C_{60}のHOMOは五重に縮重しているが,C_{60}のカチオン種は反応性が極めて高く不安定であり,一般に観測される第一酸化電位は不可逆である.塩化メチレン中でヘキサフルオロヒ酸テトラ-n-ブチルアンモニウム[$(^nBu)_4NAsF_6$]を支持電解質に用い,低温下で可逆な三電子酸化波が観測された報告もある[68].

カルボラン酸アニオン($CHB_{11}H_5X_6^-$, X=Cl, Br)をC_{60}に作用させて得られるC_{60}のラジカルカチオンは溶液中で安定化することができる[69].対応するブレンステッド超強酸であるカルボラン酸([$H(CHB_{11}H_5X_6)$],X=Cl, Br)を用いてHC_{60}^+の塩を単離した報告もある.また,最強の酸化力をもつルイス酸の1つである五フッ化

表 2.6　空フラーレンの酸化還元電位* [71]

	$^{ox}E_1$	$^{red}E_1$	$^{red}E_2$	$^{red}E_3$	$^{red}E_4$
C_{60}	+1.32	−1.13	−1.50	−1.94	−2.41
C_{70}	+1.21	−1.10	−1.46	−1.86	−2.27
$D_2(1)\text{-}C_{76}$	+0.73	−1.00	−1.30	−1.76	−2.15
$C_{2v}(2)\text{-}C_{78}$	+0.88	−0.89	−1.22	−1.91	−2.27
$D_2(22)\text{-}C_{84}$	+0.88	−0.74	−1.03	−1.36	−1.71

*V vs. Fc/Fc$^+$，電解質：(^{n}Bu)$_4$NBF$_6$，溶媒：1,2-DCB.

ヒ素を用いると C_{60} は二電子酸化され，$C_{60}^{2+}(AsF_6^-)_2$ で示されるフラーレニウム塩が得られる [70]．このフラーレニウム塩の結晶では，C_{60} 同士が単結合および[2+2]環化付加型の結合により 1 次元状ジグザグ型のポリマー構造をとることが報告されている．

一般に，フラーレンのサイズが大きくなるほど酸化電位も還元電位も低くなる傾向がある（表 2.6）．この傾向は，理論計算から求められる HOMO–LUMO ギャップとよい相関を示す．

2.1.9　フラーレンの吸収スペクトル

フラーレンは紫外–可視領域に，炭素ケージの π 電子系に起因する特徴的な幅広い吸収帯をもつ（図 2.21）．NMR 測定や単結晶 X 線構造解析には一定量の試料が必要であるが，吸収スペクトルはわずかな量であっても測定することができる．このことから，ケージ構造を類推・同定する 1 つの手法としてしばしば吸収スペクトルが利用される．例えば C_{78} の 5 種類の IPR 異性体は，いずれも特徴的な吸収スペクトルの波形を示す．また，吸収スペクトルはフラーレン誘導体にも大きく反映されるので，構造の類推・同定にも用いられる．

C_{60} のラジカルアニオン（$C_{60}^{\cdot-}$）は 1080 nm 付近に特徴的な近

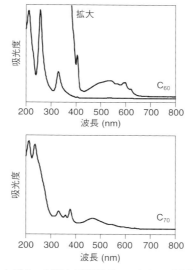

図 2.21 C_{60} および C_{70} の紫外-可視吸収スペクトル(溶媒:n-ヘキサン)

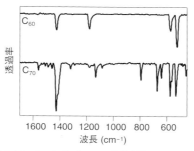

図 2.22 C_{60} および C_{70} の赤外吸収スペクトル

赤外領域の吸収を示す.C_{60} の誘導体のラジカルアニオンでは,やや短波長側にシフトした 1010〜1040 nm 付近に吸収が見られる.

C_{60} のジアニオン（C_{60}^{2-}）の吸収極大は 950 nm 付近に見られる．これらの特徴的な吸収は還元種の同定に用いられる［72］（2.1.10 節参照）．

赤外線吸収スペクトルも炭素ケージの構造や電子状態を反映するために構造解析の手法として用いられる．C_{60} ではその高い対称性に起因して，観測される吸収ピークは 1429，1183，577，528 cm^{-1} の 4 本のみである（図 2.22）．C_{70} や高次フラーレンになると対称性が低下するので，多数の吸収ピークが観測される．

2.1.10　フラーレンの光物性

C_{60} を光励起すると励起一重項状態（基底状態とのエネルギー差は 1.99 eV（46.1 kcal/mol））を形成するが，この状態の寿命はナノ秒のオーダー（およそ 1.3 ns）であり，ほぼ 1.0 の量子収率で長寿命（およそ 40 μs）の励起三重項状態へと項間交差する（図 2.23）［73］．励起三重項状態は，基底状態とのエネルギー差が 1.56 eV（37.5 kcal/mol）と小さく，基底状態よりも高い還元電位をもち，ベンゾキノンに匹敵する優れた電子受容能を示す．また，C_{60} の剛直な球状構造に由来して，基底状態から励起状態への遷移過程や電子移動の際の構造変化が小さく，また π 電子が非局在化している

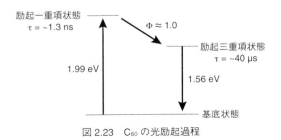

図 2.23　C_{60} の光励起過程

ために,溶媒の配向や分子構造の変化に伴い出入りするエネルギー(再配列エネルギー)が小さい.この特性を利用し,C_{60}と電子供与性分子を組み合わせることで長寿命の光誘起電荷分離状態を形成することができる.C_{60}では,ラジカルアニオンの吸収は1080 nm,励起一重項状態の吸収は920 nm,励起三重項状態の吸収は750 nmに観測されるので,電子移動やエネルギー移動の過程を過渡吸収スペクトル測定などにより追跡することができる.

酸素が共存する場合には,C_{60}の励起三重項状態から酸素へエネルギー移動が起こり,一重項酸素を発生させる(式(2.5)).この量子収率は0.96と求まっており,光増感剤として知られるローズベンガルに匹敵する.一方,高次フラーレンや金属内包フラーレンのなかには,励起三重項状態のエネルギー準位が一重項酸素のエネルギー準位よりも低く,一重項酸素を失活させる効果を示すものもある.

$$^3C_{60}{}^* \xrightarrow{\quad {}^3O_2 \quad {}^1O_2 \quad} {}^1C_{60} \qquad (2.5)$$

一方,アミンなどの電子供与性の分子が共存する場合には,励起三重項状態のC_{60}へ電子移動が起こり,C_{60}のラジカルアニオンが生成する.ここで酸素も共存している場合にはさらに電子移動が起こり,活性酸素の一種であるスーパーオキシドアニオンラジカル($O_2{}^{\cdot-}$)を発生させる(式(2.6))[74].

$$^3C_{60}{}^* \xrightarrow{\ D\ } C_{60}{}^{\cdot-} \xrightarrow{\quad {}^3O_2 \quad O_2{}^{\cdot-} \quad} {}^1C_{60} \qquad (2.6)$$

D = 電子供与性分子

2.2 希ガス内包フラーレン

1993 年に Saunders と Cross らは,高圧高温 (3000 気圧,650℃) 条件において内包率は極めて低いものの希ガスをフラーレンに内包させることに成功した [75]. この高圧法による C_{60} への He, Ne, Ar, Kr の内包率は 0.1%,Xe の内包率は 0.03% ほどである.

フラーレンに He を内包させた場合には,^{3}He NMR 測定によりフラーレン内部の磁気的な環境を評価できる.^{3}He NMR は高感度であり,空のフラーレンが存在しても測定には影響しないので,He@C_{60} を単離する必要はない. また He 原子は原子半径が小さく,その電子はきつく核に束縛されているため,He 原子の内包はフラーレンの反応性に影響を与えないと考えられる. このことから,フラーレン合成における異性体生成比の算出や,フラーレンの化学反応における生成物のモニタリングなどに He 内包フラーレンが用いられている [76].

He@C_{60} および He@C_{70} の ^{3}He NMR 化学シフトは,溶存させた ^{3}He を基準としてそれぞれ -6.3 および -28.8 ppm に観測されており,炭素ケージに大きな遮蔽効果があることが確かめられている. ^{3}He 化学シフトは炭素ケージの化学修飾に対して敏感であり,^{3}He@C_{60} では置換基の種類,数や付加様式に応じて,-6 ppm から -17 ppm の領域に観測される [77]. また,^{3}He@C_{60} の 6 電子還元体では,C_{60}^{6-} の強い遮蔽効果を反映して,-48.7 ppm という高磁場にまで達する [78]. これは,C_{60}^{6-} では六員環および五員環のすべてが反磁性の環電流効果をもつとする理論予測 [79] と一致する. He@C_{60} および He@C_{70} は後述する有機化学的手法によっても合成されており,高圧法よりも穏やかな反応条件で 30% 程度の He 内包率が達成されている [80].

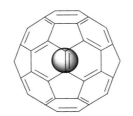

図 2.24　希ガス内包 C_{60} の構造

　Ar@C_{60}，Kr@C_{60}，Xe@C_{60} については，PYE カラムを用いた HPLC（移動相：トルエン）の保持時間が C_{60} とは異なるため，高圧法で合成した希ガス内包率の低い試料から HPLC 分取を繰り返すことで，希ガス内包率の高い試料を得ることができる [81]．

　He@C_{60} および Kr@C_{60} についてはポルフィリンとの共結晶を用いた X 線結晶構造解析が行われ，いずれの場合にも図 2.24 に示すように希ガス原子は C_{60} 内部の中心に位置していることが確認されている [82]．

　HPLC 分取により内包率を 90% に高めた Kr@C_{60} の試料を用いて測定された紫外-可視吸収スペクトルでは，C_{60} のものよりも低エネルギー側に 45 cm^{-1} シフトしていることや，赤外吸収スペクトルにおいて振動遷移が 10 cm^{-1} 増加していることなどから，Kr@C_{60} ではわずかながらも Kr と C_{60} との間に弱い電子的な相互作用があると考えられる [83]．また，三重項状態からの無放射失活過程が C_{60} に比べ 12% も促進されるのは，Kr 原子の重原子効果によると考えられる．

　Xe@C_{60} の化学反応性にも Xe 原子の影響が見られる．^{3}He および ^{129}Xe の NMR 測定より，9,10-ジメチルアントラセンとの平衡反応では，He@C_{60} に比べて Xe@C_{60} の反応のエンタルピー変化（ΔH）

は 0.12 kcal/mol,エントロピー変化（ΔS）は 0.38 cal/mol K 大きいことが報告されている [84]．なぜこのような反応性の違いが発現するかわかっていないが，サイズが大きく電子豊富な Xe 原子の内包により炭素ケージの外側の電子密度が変化することが理論予測されており，これが反応性の違いに関係していると推察される．

2.3　15族原子内包フラーレン

　15 族原子を内包した N@C_{60} や P@C_{60} は，Weidinger らによって開発されたイオンインプランテーション法 [85] およびグロー放電法や高周波プラズマ法により，昇華したフラーレンに内包種を押し入れることで合成される．しかし内包率は極めて低く，0.01〜0.001％ 程度である．N@C_{60} はリサイクル HPLC を繰り返すことにより C_{60} と分離することができる．N@C_{60} では，N 原子が C_{60} と結合をもたず内部の中心に原子状態のまま存在していることは電子核二重共鳴（electron nuclear double resonance；ENDOR）測定から示されている [85]．^{13}C NMR 測定では，C_{60} と N@C_{60} の化学シフトにほとんど違いが見られないが，C_{60} に比べ N@C_{60} ではシグナルがブロード化する．これは N 原子上の電子スピンによる常磁性相互作用の効果と考えられる．また，C_{60} と N@C_{60} の紫外-可視吸収スペクトルにはほとんど違いがなく，N 原子と C_{60} の間に電子移動などの相互作用がないことを示している [86]．一方，レーザー光分解実験では，N 原子の内包によって励起状態からの無放射失活過程が大きく促進されることが示されている．このことと対応して，含ケイ素三員環化合物であるジシラシクロプロパン（ジシリラン）との光反応において，フラーレンの光励起過程を経るジシリランとの反応効率は C_{60} よりも N@C_{60} の方が低い [87]．

2.4 金属内包フラーレン

　金属原子あるいは金属原子を含むクラスターを内包したフラーレンを金属内包フラーレンと総称する．金属内包フラーレンは，主として3族原子やランタノイド原子の酸化物や水酸化物などを混ぜ込んだ炭素棒を電極とするアーク放電法あるいはレーザー蒸発法により炭素原子とともに金属原子を昇華させることで，フラーレンとともに合成される．金属内包フラーレンの精製と単離にはフラーレンの場合と同様に HPLC が有用である．ただし，一連の金属内包フラーレンは保持時間が近接しているうえ，同時に生成する高次フラーレンも含まれるので，通常は多段階 HPLC による分離作業が必要である．また，金属内包フラーレンの酸化還元挙動がフラーレンとは大きく異なることに基づいて，電気化学的還元 [88]，化学的還元 [89]，化学的酸化 [90] などを利用した簡便な分離法が開発されている．これらの手法では，フラーレンよりも HOMO 準位が高く LUMO 準位が低い金属内包フラーレンを選択的に酸化あるいは還元することができる．例えば，フラーレンの第一還元電位は 0 V（vs. SCE）よりも高いのに対して，金属原子を内包したフラーレンの第一還元電位は 0 V よりも低いのが一般的である（$Fc/Fc^+ \approx 0.5$ V vs. SCE）．そこで，フラーレンを含む金属内包フラーレン抽出液に対して 0 V で定電位バルク電解を行うと，金属内包フラーレンのみが選択的に還元されアニオンになる．このアニオンは，極性溶媒（二硫化炭素/アセトン混合溶媒）には高い溶解性を示すが，極性の低い二硫化炭素には不溶である．一方で，還元されなかったフラーレンは二硫化炭素によく溶ける．この溶解性の違いを利用して，多段階 HPLC を経ずに金属内包フラーレンをフラーレンから高純度に分離することができる．その他にも，フラーレンと金属内包フ

ラーレンの化学反応性の違いを利用して、アミノ基やシクロペンタジエニル基が修飾されたシリカを用いた簡便な分離法が開発されている [91].

2.4.1 金属内包フラーレンの構造

金属内包フラーレンの特徴は、内包金属から炭素ケージへの電子移動が起こり、内包金属は正に荷電され、炭素ケージは負に荷電されることである。内包種から炭素ケージへの電子移動は、希ガス内包フラーレン、15族原子内包フラーレン、リチウムイオン内包フラーレンには見られない。金属内包フラーレンで起こる電子移動に係るエネルギー損失は、イオン化エネルギーの小さい金属原子と電子親和力の大きい炭素ケージでは少なく、正に荷電した内包金属と負に荷電した炭素ケージ間の強い静電引力によって十分に補われる。このために、イオン化エネルギーの小さい2族、3族、およびランタノイド金属が、電子親和力の大きいC_{80}、C_{82}、C_{84}などの炭素ケージに内包される。したがって、豊富に生成するフラーレンに必ずしも金属原子が内包されるとは限らない。実際に、これまで合成・単離されているもののうち、豊富に単離されるフラーレンと金属内包フラーレンで炭素ケージが一致する例としては$D_{2d}(23)$-C_{84}と$Sc_2C_2@D_{2d}(23)$-C_{84}のみである。これは、フラーレンの場合には中性状態の熱力学的安定性が重要なのに対して、金属内包フラーレンの場合では負に荷電された炭素ケージの熱力学的安定性が重要になるためである。したがって、空のフラーレンでは不安定な炭素ケージが金属原子（もしくは金属クラスター）の内包によって安定化される。例えば、$D_{3h}(1)$-C_{74}、$T_d(2)$-C_{76}、$C_{2v}(9)$-C_{82}、$C_s(6)$-C_{82}は開殻電子構造をもち不安定な構造であるが、いずれも金属原子の内包によって安定化される。これらに対応する金属内包フラーレン

の例としては，M@D_{3h}(1)-C_{74} (M=Ca, Ba など)，Lu_2@T_d(2)-C_{76}，M@C_{2v}(9)-C_{82} (M=La, Ce, Pr など)，M@C_s(6)-C_{82} (M=La, Ce, Pr など) がこれまでに抽出・単離されている [92].

奇数個の電子の移動では炭素ケージは開殻電子構造となるが，偶数個の場合には閉殻電子構造となる．ただし，金属内包フラーレンはフラーレンとは異なり，開殻分子であっても空気中で比較的安定に取り扱えるものが多い．これは，不対電子が炭素ケージ全体に非局在化するためと考えられる．例えば，La@C_{82} では La 原子の 3 個の価電子が C_{82} に移動するので，電子構造は $La^{3+}C_{82}{}^{3-}$ と記述できる．このとき，図 2.25(a) に示すように移動した 3 個の電子のうち，2 個の電子は C_{82} の LUMO には収容されるが，残りの 1 個の電子はLUMO+1 に収容されて不対電子となるので，C_{82} の電子構造は開殻となる．

他方 La_2@C_{80} では，図 2.25(b) に示すように偶数の 6 個の電子が C_{80} の三重に縮退した LUMO に 2 個ずつ収容されて $(La^{3+})_2 C_{80}{}^{6-}$ と

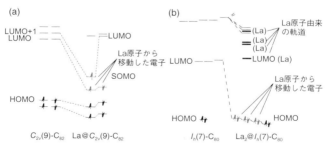

図 2.25 (a) C_{2v}(9)-C_{82} と La@C_{2v}(9)-C_{82}，および，(b) I_h(7)-C_{80} と La_2@I_h(7)-C_{80} の分子軌道のエネルギー準位図

細線は炭素ケージ由来の軌道，太線は La 原子由来の軌道であることを示す．なお (a) では非制限法による計算のため，α スピン軌道と β スピン軌道が区別される．

なるので，C_{80} は閉殻の電子構造をもつ．

偶数個の電子が移動した場合であっても，内包種に不対電子が残り分子全体として開殻電子構造をもつものも存在する．例えば，$Sc_3C_2@I_h(7)$-C_{80} では 6 個の電子が Sc_3C_2 クラスターから C_{80} に移動して $(Sc^{3+})_3(C_2)^{3-}C_{80}{}^{6-}$ となり，C_{80} の電子構造は閉殻であるが，Sc_3C_2 クラスターには不対電子が残り開殻電子構造となる．Ce，Pr，Gd などのランタノイド金属を内包したフラーレンでは，金属原子の 4f 軌道上に不対電子をもつものが多い．

金属内包フラーレンの炭素ケージを類推する簡便な方法としては，吸収スペクトルの観測が挙げられる．一例として，$C_{2v}(9)$-C_{82} を炭素ケージにもつ金属内包フラーレンの可視–近赤外吸収スペクトルを図 2.26 に示す．

金属内包フラーレンでは，炭素ケージと内包金属からの電子移動数が同じであれば，吸収スペクトルの波形は内包金属原子の種類に

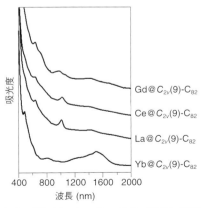

図 2.26　M@$C_{2v}(9)$-C_{82}（M＝Yb，La，Ce，Gd）の可視–近赤外吸収スペクトル
溶媒：二硫化炭素．Yb の形式電荷は＋2 であり，La，Ce，Gd は＋3 である．

よらず，おおむね一致する傾向がある．炭素ケージが同じでも内包金属からの電子移動数が異なれば，波形は必ずしも一致しない．吸収スペクトルによる金属内包フラーレンの構造決定は確実的なものではないが，試料の量がわずかでもよいという利点があるので，空のフラーレンの場合と同様によく用いられている．

金属内包フラーレンの構造解析では次の4点に留意しなければならない．第一は，質量分析では，どのような炭素ケージにどのような金属種が内包されているか判別できないという点である．例えば「Sc_3C_{82}」は，3個のSc原子がC_{82}に内包された$Sc_3@C_{82}$と広く信じられていた[93]が，NMR測定と単結晶X線構造解析によって，3個のSc原子ばかりでなく2個のC原子が，C_{82}ではなくC_{80}に内包された$Sc_3C_2@I_h(7)$-C_{80}（図2.28参照）であることが明らかにされている[94]．第二に，金属内包フラーレンが常磁性のとき

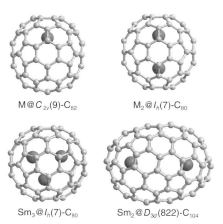

M@C_{2v}(9)-C_{82} M$_2$@I_h(7)-C_{80}

Sm$_3$@I_h(7)-C_{80} Sm$_2$@D_{3d}(822)-C_{104}

図2.27　M@C_{2v}(9)-C_{82}，M$_2$@I_h(7)-C_{80}，Sm$_3$@I_h(7)-C_{80}，Sm$_2$@D_{3d}(822)-C_{104}の構造

にはNMRシグナルの観測と帰属が困難なので,反磁性にしなければならない.例えば,開殻電子構造をもつ常磁性のLa@C$_{82}$では,一電子還元して反磁性のアニオンにすることによりNMRシグナルの鮮明な観測と帰属ができる[95].他方Gd@C$_{82}$では,一電子還元してアニオンにしても,Gd原子の4f軌道上に7個の不対電子が残るので,NMR測定による解析は困難である.第三に,金属内包フラーレンは必ずしもIPRを満たさないという点である.このために,構造の候補は膨大な数になる(表2.4参照).第四として,金属内包フラーレンの対称性は,内包種の位置や動的挙動によって変わることである.したがって,金属内包フラーレンの構造解析にはNMR測定,単結晶X線構造解析,理論計算の密な連携が重要になる.

これまでにX線結晶構造解析で構造が決定された金属内包フラーレンで,最小の炭素ケージをもつのはSc$_2$@C_{2v}(4059)-C$_{66}$で[96],最大の炭素ケージをもつのはSm$_2$@D_{3d}(822)-C$_{104}$(図2.27)である[97].

2.4.2 金属原子内包フラーレン

金属内包フラーレンのうち,金属原子のみを内包したフラーレン(金属原子内包フラーレン)としては,金属原子(M)を1個内包したM@C$_n$,2個内包したM$_2$@C$_n$,そして3個内包したM$_3$@C$_n$の3種類が知られている.すでに述べたように,イオン化エネルギーの小さい2族原子,3族原子,および,ランタノイド原子などが内包される.通常,1個の金属原子を内包したフラーレンが豊富に生成する.これは,2個以上の金属原子が内包されると,正に荷電する金属原子間に静電反発が起こるためだと考えられる.3個の金属原子を内包したものとして単結晶X線構造解析の報告がなされているのはSm$_3$@I_h(7)-C$_{80}$の一例のみである(図2.27)[98].2個以上

の金属原子の内包には,後述するように非金属原子の同時内包が好まれる.これは,負に荷電する非金属原子が正に荷電する金属原子間の静電反発を減少させるだけでなく,負電荷をもつ非金属原子と正電荷をもつ金属原子の静電引力によると考えられる.

La@C_{2v}(9)-C_{82} は最初に抽出され,収率も多いことから代表的な金属原子内包フラーレンとして知られている(図2.27).すでに述べたように,La@C_{2v}(9)-C_{82} は La^{3+}$C_{82}$$^{3-}$ の電子構造をとり,常磁性を示す.電子スピン共鳴(electron spin resonance;ESR)測定では La の核スピン($I=7/2$)とのカップリングによるオクテットシグナルが観測される.^{139}La 核が非常に大きな核磁気モーメントをもつにもかかわらず,超微細結合定数が非常に小さなこと(1.159 G)から,スピン密度は La 上ではなく C_{82} 上に分布していることがわかる.La@C_{2v}(9)-C_{82} を電気化学的に酸化することでカチオンが得られるが,アニオンに比べると不安定である.

La@C_{2v}(9)-C_{82} のアニオンの ^{13}C NMR 測定では強度1のシグナルが17本と,強度1/2のシグナルが7本観測される.この合計24本のシグナルは,2 D-INADEQUATE NMR 測定により帰属され,C_{82} が C_{2v}(9)対称をもち,La 原子が C_2 軸上に存在することが決定されている[99].しかし,^{13}C NMR 測定からは C_2 軸上のどこに La 原子が位置しているか決めることができない.一連の M@C_{2v}(9)-C_{82}(M=La,Ce,Pr,Gd,Y,Sc)において,ポルフィリンとの共結晶やカルベン付加体の単結晶の X 線構造解析および理論計算により,金属原子はすべて C_{82} の C_2 軸上の六員環側に位置していることが明らかにされた[100].この金属原子の位置は,Ce@C_{2v}(9)-C_{82} のアニオンの温度可変 ^{13}C NMR 測定からも決められている[101].

2個の La 原子が I_h 対称をもつ C_{80} に内包された La$_2$@I_h(7)-C_{80} は,M$_2$@C_n のなかでも代表的なものとして知られている(図

2.27).^{13}C NMR 測定では,強度比が 3：1 の 2 本のシグナルのみが観測される.また,^{139}La NMR 測定では 1 本のシグナルのみが観測される.これらの観測結果は,2 個の La 原子が C_{80} の内部で静止しているのではなく,高速に回転運動していることを示している.^{139}La NMR 測定で観測される 1 本のシグナルは,温度を 305 K から 363 K に上げると,線幅のブロード化が起こる [102].これは,温度上昇すると 2 個の La 原子の回転運動が激しくなり,スピン–回転相互作用が大きくなることから説明される.このような炭素ケージ内部での内包金属原子の回転運動は $La_2@C_s(17490)$–C_{76},$Ce_2@I_h(7)$–C_{80},および $Ce_2@D_{5h}(6)$–C_{80} でも観測されている [103].

2.4.3 金属クラスター内包フラーレン

金属クラスターを内包したフラーレンの初めての例は,1999 年に発表された $Sc_3N@I_h(7)$–C_{80} である(図 2.28).Stevenson らはアーク放電による Sc 内包フラーレンの合成過程で,空気がチャンバー内に混入すると Sc_3N クラスターを内包するフラーレンが生成することを偶然に発見した [104].この発見を皮切りに,$M_3N@C_n$ で表記される様々な金属窒化物内包フラーレン(trimetallic nitride tem-

$Sc_3N@I_h(7)$–C_{80} $Sc_3C_2@I_h(7)$–C_{80} $Sc_4O_3@I_h(7)$–C_{80}

図 2.28 $Sc_3N@I_h(7)$–C_{80},$Sc_3C_2@I_h(7)$–C_{80},$Sc_4O_3@I_h(7)$–C_{80} の構造
図中,緑はスカンジウム原子,青は窒素原子,黒は内包炭素原子,赤は酸素原子を示す.(カラー図は口絵参照)

plate endohedral metallofullerene；TNT 内包フラーレンとも呼ばれる）が報告されている．これらの合成法には，アーク放電するときに窒素［104］やアンモニア［105］などをチャンバーのバッファガスとして共存させる方法が知られている．Stevenson らは炭素棒に金属酸化物と硝酸銅水和物あるいは硝酸アンモニアを添加しておき，バッファガスに空気を加えてアーク放電を行う方法（chemically adjusting plasma temperature, energy and reactivity；CAPTEAR 法）により $Sc_3N@I_h(7)$-C_{80} の収量が向上することを報告している［106］．この方法では，硝酸銅水和物や硝酸アンモニアの熱分解により発生する NO_x ガスの燃焼がプラズマ状態の炭素に影響を与えていると考えられている．

$Sc_3N@I_h(7)$-C_{80} の ^{13}C NMR 測定では，$La_2@I_h(7)$-C_{80} と同様に強度比が 3：1 の 2 本のシグナルが観測されるので，Sc_3N クラスターも C_{80} の内部で回転運動をしている．$M_3N@C_n$ 以外にも，異なる金属（A と B）が組み合わさった窒化物を内包した $A_xB_{3-x}N@C_n$ も合成されている［107］．

金属炭化物（金属カーバイド）を内包したフラーレンも，Sc 内包フラーレンの構造解析を進めるなかで見出された．2001 年に篠原らは Sc_2C_{86} の 2 種類の異性体を単離した［108］．これらの異性体の 1 つに対して粉末 X 線データを用いた MEM/Rietveld 解析を行った結果，Sc 原子 2 個が C_{86} に内包された $Sc_2@C_{86}$ ではなく，Sc_2C_2 クラスターが $D_{2d}(23)$ 対称をもつ C_{84} に内包された $Sc_2C_2@D_{2d}(23)$-C_{84} であることを発見した［109］．これを契機に，Sc_2C_n フラーレンの構造解析の再検討が行われ，Sc 原子のみが内包されていると報告されていた分子の多くは，炭素原子をも内包していることが明らかとなっている．最近では，Sc_2C_2 の内包ばかりでなく，Sc_3C_2（図 2.28）や Sc_4C_2 を内包したものが見つかっている［110, 111］．

Sc原子とともに内包された炭素の^{13}C NMRシグナルは一般に強度が非常に弱く観測は難しいが,^{13}Cの割合を高めた試料を用いると明瞭に観測することができる.内包された炭素の^{13}C NMRシグナルは250〜330 ppmと非常に低磁場の領域にブロードなシグナルとして1本観測される[112].温度可変測定を行うと,温度上昇とともにシグナル半値幅が増大するスピン-回転緩和現象が観測されることから,内包されたスカンジウムカーバイドは回転運動をしていることがわかる.

CAPTEAR法では,主生成物として金属窒化物を内包したフラーレンが得られるほかに,わずかではあるが金属酸化物を内包したフラーレン $Sc_4O_2@I_h(7)$-C_{80},$Sc_4O_3@I_h(7)$-C_{80},$Sc_2O@C_s(6)$-C_{82} なども生成することが見出されている[113-115].7つの原子を内包した $Sc_4O_3@I_h(7)$-C_{80} は,これまでにX線結晶構造解析で構造が決定された金属内包フラーレンの中で内包原子数が最大である(図2.28).Dunschらは金属を含む炭素棒にグアニジウムチオシアネート($CH_5N_3 \cdot HSCN$)を添加しアーク放電することで金属硫化物を内包した $M_2S@C_{82}$ の合成・単離に成功している[116].Echegoyenらは SO_2 とヘリウムをバッファガスとするアーク放電法により,$Sc_2S@C_2(7892)$-C_{70},$Sc_2S@C_s(10528)$-C_{72},$Sc_2S@C_{3v}(8)$-C_{82} を合成・単離している[117].

その他のクラスター内包フラーレンの例として $YCN@C_s(6)$-C_{82},$Sc_3NC@C_2(22010)$-C_{78},$Sc_3NC@I_h(7)$-C_{80},$Sc_3CH@I_h(7)$-C_{80} などの合成が報告されている[118-120].

2.4.4 金属原子の内包によるnon-IPRフラーレンの安定化

金属内包フラーレンが発見された当初は,金属内包フラーレンであっても空フラーレンと同様にIPRを満たすと考えられていた.と

表 2.7 non-IPR ケージ構造をもつ金属内包フラーレン

non-IPR 金属内包フラーレン	含まれる non-IPR 構造 (個数)	参考文献
$Sc_2@C_{2v}(4059)\text{-}C_{66}$	TSFP (2)	[96]
$Sc_3N@D_3(6140)\text{-}C_{68}$	DFP (3)	[123-124]
$M_2@D_2(10611)\text{-}C_{72}$ (M=La, Ce)	DFP (2)	[125]
$Sc_2S@C_s(10528)\text{-}C_{72}$	DFP (2)	[117]
$La_2@C_s(17490)\text{-}C_{76}$	DFP (2)	[103 c]
$Sm@C_{2v}(19138)\text{-}C_{76}$	DFP (1)	[126]
$Gd_3N@C_2(22010)\text{-}C_{78}$	DFP (2)	[127]
$LaSc_2N@C_s(\text{hept})\text{-}C_{80}$	七員環 (1)*	[128]
$Gd_3N@C_s(39663)\text{-}C_{82}$	DFP (1)	[129]
$M_3N@C_s(51365)\text{-}C_{84}$ (M=Gd, Tb, Tm)	DFP (1)	[130]
$Gd_2C_2@C_1(51383)\text{-}C_{84}$	DFP (1)	[131]
$La@C_2(10612)\text{-}C_{72}\text{-}C_6H_4Cl_2$	DFP (1)**	[132]

*1個の七員環の存在に対応して五員環は13個含まれる.
**ジクロロフェニル基の結合した誘導体として単離されている (2.4.5 節参照).

ころが 1997 年に, 金属内包フラーレンでは必ずしも IPR は満足されないという理論予測が報告された [121]. これに対応して, 2000 年に IPR を満たさない $Sc_2@C_{66}$ と $Sc_3N@C_{68}$ が実験的に初めて発見され [122, 123], その後数多くの non-IPR フラーレンが報告されるようになり, 金属原子から炭素ケージへの電子移動により non-IPR 構造が安定化されることが明らかにされている. X 線結晶構造解析により構造が決定された non-IPR の金属内包フラーレンを表 2.7 に示す. 最初の発見である $Sc_2@C_{66}$ は当初, 2 個の Sc 原子が隣接五員環構造を 2 ヵ所にもつ $C_{2v}(4348)\text{-}C_{66}$ に内包されていると提案されたが, 後に単結晶 X 線構造解析より TSFP 構造 (図 2.13 参照) を 2 ヵ所にもつ $C_{2v}(4059)\text{-}C_{66}$ に内包されていることが明らかになった [96].

2.4.5 溶媒抽出過程で化学修飾される金属内包フラーレン

煤中に存在することが質量分析で確認されるにもかかわらず,有機溶媒へ抽出されてこない金属内包フラーレンがある.例えばSmalleyらの報告では,アーク放電によるLa内包フラーレンの合成で得られた煤の質量分析からLa@C_n ($n=60$, 70, 72, 74, 76, 80, 82) の存在が確認されるが,これらはLa@C_{82}を除いてトルエンの抽出液からは検出されなかった.しかし,1,2,4-トリクロロベンゼン (TCB) を抽出溶媒に用いると,La@C_n ($n=72$, 74, 76, 80, 82 ($C_{3v}(7)$)) のジクロロフェニル基付加体 (La@C_2(10612)-C_{72}-$C_6H_4Cl_2$, La@D_{3h}(1)-C_{74}-$C_6H_4Cl_2$, La@C_{2v}(3)-C_{80}-$C_6H_4Cl_2$, La@C_{3v}(7)-C_{82}-$C_6H_4Cl_2$) が抽出されることが報告された (図2.29) [132, 133].このうち,IPRを満たさないLa@C_2(10612)-C_{72}-$C_6H_4Cl_2$の炭素ケージは,金属原子の内包と化学修飾の両方の効果を受けて安定化されているとみなすことができる.理論計算によればLa@C_n ($n=60$, 70, 72, 74, 76, 80, 82 ($C_{3v}(7)$)) は開殻電子構造をもち,半占軌道 (SOMO; singly occupied molecular orbital) の電子密度が炭素ケージ上の特定の箇所に局在化して,高いラジカル性をもつことが示される.このラジカル性のために,La@C_n ($n=60$, 70, 72, 74, 76, 80, 82 ($C_{3v}(7)$)) は,煤中で無定形炭素などと結合

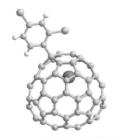

図2.29 La@D_{3h}(1)-C_{74}-$C_6H_4Cl_2$の構造

し不溶性になるが，TCB の存在下で加熱還流することで，TCB が一部分解して生じるジクロロフェニルラジカルの付加が起こる．この付加体は閉殻電子構造をもち，煤中での無定形炭素との相互作用が弱いので，有機溶媒へ抽出されるようになる．単結晶 X 線構造解析により，POAV 値と SOMO の電子密度の大きなケージ炭素にジクロロフェニルラジカルが結合していることが確認されている．抽出溶媒にヨードベンゼンを用いた場合には，La@C_n (n=72, 74, 76) のフェニル基付加体が得られている [134]．

2.4.6 金属内包フラーレンの酸化還元特性

金属内包フラーレンはフラーレンと同様に多段階の酸化還元過程が電気化学測定により観測されるが，その電位は内包金属種や炭素ケージの違いにより大きく異なる．代表的な金属内包フラーレンの酸化還元電位を表 2.8 に示す [135]．

M@C_{2v}(9)-C_{82} (M=La, Ce, Gd, Y) の第一酸化電位と第一還元電位は C_{82} と比較すると非常に低い．これは，$M^{3+}C_{82}^{3-}$ の電子構造をもつ M@C_{2v}(9)-C_{82} では，C_{82} の元の HOMO ではなく，電子を 1 個受け取った LUMO＋1 より第一酸化が起こるためである（図 2.25 (a)参照）．金属原子上の＋3 の電荷は，LUMO＋1 準位を低下させるので第一還元電位も低くなる．内包金属の違いによる電位の違いは数十 mV 程度であるが，第一酸化電位と第一還元電位は内包金属のイオン半径とよい相関をもち，イオン半径が小さいほど酸化と還元が起こりやすくなる．これは，イオン半径の小さい内包金属ほど炭素ケージに近接して大きな相互作用をするからである [136]．また，M@C_{2v}(9)-C_{82} (M=La, Ce, Gd, Y) の第二還元は C_{82} の元の LUMO＋2 で起こり，第一還元電位よりも約 1 V も高くなる．

$M^{2+}C_{82}^{2-}$ の電子構造をもつ M@C_{2v}(9)-C_{82} (M=Ca, Sm, Eu,

表 2.8 代表的な金属内包フラーレンの酸化還元電位* [134]

金属内包フラーレン	$^{ox}E_2$	$^{ox}E_1$	$^{red}E_1$	$^{red}E_2$	$^{red}E_3$
La@$C_{2v}(9)$-C_{82}	+1.07**	+0.07	−0.42	−1.37	−1.53
Ce@$C_{2v}(9)$-C_{82}	+1.08**	+0.08	−0.41	−1.41	−1.53
Gd@$C_{2v}(9)$-C_{82}	+1.08**	+0.09	−0.39	−1.38	−1.38
Sc@$C_{2v}(9)$-C_{82}		+0.15	−0.35	−1.29	
Y@$C_{2v}(9)$-C_{82}	+1.07**	+0.10	−0.37	−1.34	−1.34
Yb@$C_{2v}(9)$-C_{82}		+0.61	−0.46	−0.78	−1.60
La$_2$@$D_2(10611)$-C_{72}	+0.75**	+0.24	−0.68	−1.92	
La$_2$@$C_s(17490)$-C_{76}	+0.65	+0.21	−0.63	−1.83**	−2.40**
La$_2$@$D_{3h}(5)$-C_{78}	+0.62	+0.26	−0.40	−1.84	−2.28
La$_2$@$I_h(7)$-C_{80}	+0.95	+0.56	−0.31	−1.71	−2.13**
Ce$_2$@$I_h(7)$-C_{80}	+0.95	+0.57	−0.39	−1.71	
Sc$_3$N@$D_{3h}(5)$-C_{78}	+0.68	+0.21	−1.56**	−1.91**	
Sc$_3$N@$I_h(7)$-C_{80}	+1.09	+0.62	−1.22	−1.59	−1.90
Lu$_3$N@$I_h(7)$-C_{80}		+0.60	−1.48**		
Gd$_3$N@$I_h(7)$-C_{80}		+0.58	−1.44**	−1.86**	−2.13**
Gd$_3$N@$D_2(35)$-C_{88}	+0.49	+0.06	−1.43	−1.74	
Sc$_3$C$_2$@$I_h(7)$-C_{80}		−0.03	−0.50	−1.64	−1.84
Sc$_2$C$_2$@$C_{2v}(5)$-C_{80}	+0.70	+0.41	−0.74	−1.33	−1.71
Sc$_2$C$_2$@$C_{3v}(8)$-C_{82}		+0.47	−0.94**		
Sc$_2$C$_2$@$C_s(6)$-C_{82}	+0.64	+0.42	−0.93	−1.30	
Sc$_2$O@$C_s(6)$-C_{82}	+0.72	+0.35	−0.96	−1.28	−1.74
Sc$_4$O$_2$@$I_h(7)$-C_{80}	+0.79	0.00	−1.10	−1.73	−2.35
Sc$_2$S@$C_s(10528)$-C_{72}	+1.21**	+0.64	−1.14	−1.53	−2.24
Sc$_2$S@$C_s(6)$-C_{82}	+0.65**	+0.39	−0.98	−1.12	−1.73
Sc$_3$NC@$I_h(7)$-C_{80}		+0.60	−1.05	−1.68	

*V vs. Fc/Fc$^+$,電解質:(^{n}Bu)$_4$NPF$_6$,溶媒:1,2-DCB.
**不可逆.

Tm,Yb)では,酸化は2個の電子を受け取ったC_{82}の元のLUMOから,還元は空軌道のままのC_{82}の元のLUMO+1で起こるので,M@$C_{2v}(9)$-C_{82}(M=La,Ce,Gd,Y)よりも高い酸化還元電位を示

す傾向がある．第一，第二還元はいずれも C_{82} の元の LUMO+1 で起こり，これらの電位差は C_{82} の場合とほぼ同様で約 0.4 V である．

金属原子を 2 個内包した $M_2@I_h(7)$-C_{80}（M＝La，Ce）は閉殻電子構造をもつが，$M@C_{2v}(9)$-C_{82}（M＝La，Ce，Gd，Y）に匹敵する低い酸化還元電位を示す．$M_2@I_h(7)$-C_{80} の HOMO は C_{80} 上に非局在化してエネルギー準位が高く，LUMO は M 原子間の結合性軌道からなり，低いエネルギー準位をもつ（図 2.25(b)）．$M_2@I_h(7)$-C_{80}（M＝La，Ce）を還元すると M 原子間の結合性軌道が占有されるので，M-M 間距離は縮小される．$La_2@I_h(7)$-C_{80} では第一還元と第二還元の電位差は 1.4 V である［137］．ただし，2 個の金属原子を内包したフラーレンの還元電位が必ずしも低いとは限らない．例えば，non-IPR の $La_2@D_2(10611)$-C_{72} の LUMO も La 原子間の結合性軌道であるが，その還元電位は $La_2@I_h(7)$-C_{80} に比べて 370 mV も高い．

金属窒化物を内包した $M_3N@C_n$（M＝Sc，Y，ランタノイド原子，n＝78，80，82，84，86，88，92，96）の酸化電位は $M_2@C_{80}$ に類似するが，還元電位は C_{60} より一般に高い．また，第一酸化と第一還元の電位差は非常に大きい．$M@C_{82}$ や $M_2@C_{80}$ と異なり，$M_3N@C_n$ の還元は非可逆の場合が多いが，$M_3N@D_2(35)$-C_{88} の還元は例外的に可逆である．代表的な $Sc_3N@C_{80}$ では，還元過程の可逆性は掃引速度に依存しており，100 mV/s では非可逆であるが，6 V/s に速めると第一還元電位が可逆になり，さらに 20 V/s まで速めると第三還元電位までが可逆になる．$M_3N@C_n$ の化学的な還元は可逆であるので，電気化学的な還元で非可逆なのは $M_3N@C_n$ が分解するからとは考えにくい．Popov らは，$M_3N@C_n$ のラジカルアニオンが二量体を形成する過程が熱力学的に有利であることを理論計算により示し，電気化学還元の非可逆性は二量体の形成に起因すると提案している［138］．

金属炭化物を内包するフラーレンの還元電位は，開殻電子構造をもつ $Sc_3C_2@C_{80}$ では-0.32 V と低くなるが，閉殻電子構造をもつ $Sc_2C_2@C_n$ では，-0.74 V から -1.26 V と高くなる．金属硫化物や金属酸化物を内包したフラーレンの第一還元電位は，-0.96 V から -1.34 V であると報告されている．

2.5 リチウムイオン内包フラーレン

リチウムイオンを内包したフラーレンは，金属内包フラーレンとは異なりアーク放電法では合成されない．1990 年代に，イオンインプランテーション法による C_{60} への Li^+ の内包の試みが Campbell らによって行われた．しかし，生成する $Li^+@C_{60}$ は C_{60} との相互作用が強く不溶性となるためか当時は単離に至らなかった [139]．2010 年に，C_{60} にリチウムイオンプラズマを照射した後に一電子酸化することで，$[Li^+@C_{60}]X^-$（X^- は対アニオン）で表記される「塩」として単離され，その X 線結晶構造が報告された [140]．

$Li^+@C_{60}$ では，金属内包フラーレンとは異なり，内包された Li^+ から C_{60} への電子移動はほとんど起こらない．$[Li^+@C_{60}]X^-$ の単結晶 X 線構造解析によれば，Li^+ は C_{60} の中心ではなく，対アニオン側に偏った位置に存在する．これは，Li^+ と対アニオンの静電引力による結果である．$[Li^+@C_{60}][SbCl_6]^-$ の ^7Li NMR 測定では -10.5

表 2.9　リチウムイオン内包フラーレンの酸化還元電位* [140]

	$^{red}E_1$	$^{red}E_2$	$^{red}E_3$	$^{red}E_4$	$^{red}E_5$
$[Li^+@C_{60}]SbCl_6^-$	-0.39	-0.98	-1.44	-1.83	-2.36
C_{60}	-1.09	-1.48	-1.92	-2.38	

*V vs. Fc/Fc$^+$，電解質：$(^nBu)_4NPF_6$，溶媒：1,2-DCB．

ppmにシグナルが観測される[140].これは前述のようにC_{60}の炭素ケージが遮蔽効果をもつことを示しており,^{3}He@C_{60}における^{3}He化学シフトに見られる高磁場シフトと同じである.表2.9に示すように[Li$^+$@C_{60}][SbCl$_6$]$^-$の還元電位は,C_{60}と比較して還元されやすい方向に大きくシフトしている.これは,Li$^+$の正電荷がC_{60}のHOMOとLUMOのエネルギー準位を大きく低下させるからである.

2.6 有機化学的手法により合成される原子および分子内包フラーレン

C_{60}やC_{70}を出発原料として多段階の化学反応を行うと,炭素ケー

(2.7)

ジに開口部をつくることができる．この開口部から原子や小分子を高温高圧条件下で内包させて，化学反応を行って開口部を閉じることで，式(2.7)から式(2.9)に示す $H_2@C_{60}$ [141]，$He@C_{60}$ [80, 82 b]，

(2.8)

(2.9)

NMMO : N-メチルモルホリン N-オキシド

表 2.10 H_2@C_{60} の酸化還元電位* [141 b]

	$^{red}E_1$	$^{red}E_2$	$^{red}E_3$	$^{red}E_4$	$^{red}E_5$	$^{red}E_6$
H_2@C_{60}	−0.95	−1.37	−1.89	−2.39	−2.95	−3.50
C_{60}	−0.95	−1.37	−1.88	−2.35	−2.88	−3.35

*Vvs.Fc/Fc$^+$,電解質:(^{n}Bu)$_4$NPF$_6$,溶媒:トルエン/アセトニトリル(5.4:1),減圧下−10℃.

H_2O@C_{60} [142],H_2O@C_{70} [143],(H_2O)$_2$@C_{70} [143] がこれまでに合成されている.

C_{60} に内包された H_2 分子の ^{1}H NMR シグナルは−1.44 ppm に観測され,これは溶存した H_2 分子のものよりも 5.98 ppm も高磁場側へシフトしている.このような高磁場シフトは,^{3}He@C_{60} でも観測され,炭素ケージの環電流の遮蔽効果に起因する.一方,H_2@C_{60} と C_{60} の ^{13}C NMR の化学シフト差はわずか 0.1 ppm であり,H_2 分子と C_{60} の間に働く相互作用は非常に小さいと考えられる.表 2.10 に示すように,1,2-DCB 溶媒を用いて室温で測定できる H_2@C_{60} の酸化還元電位は,0 V から−2.0 V(vs. Fc/Fc$^+$)および 0 V から+1.0 V の領域において C_{60} のものと一致する.しかし,トルエン/アセトニトリル(5.4:1)混合溶媒を用いた減圧下−10℃ での測定では,3 電子還元から 6 電子還元になるにつれて,H_2@C_{60} と C_{60} の還元電位の差はわずかに大きくなる[141 b].

2.7 ヘテロフラーレン

レーザー蒸発法やアーク放電法による B,N,あるいは S 原子を炭素骨格に含むヘテロフラーレン合成の報告があるが,これらはいずれも質量分析での観測のみに留まっている.一方で,アザフラー

レン $C_{59}N$ では有機合成法が確立されており，C_{60} から三段階で合成することができる（式(2.10)）[144]．ただし，$C_{59}N$ は N 原子上に不対電子をもつため，二量体の $(C_{59}N)_2$ として単離される．また，C_{70} を出発原料とする $(C_{69}N)_2$ の合成も達成されている．

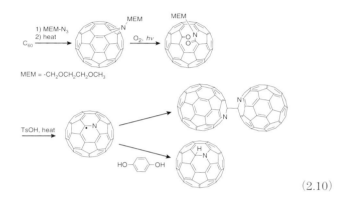

(2.10)

アザフラーレンの二量体は加熱もしくは光照射によりラジカル開裂する．例えばラジカル捕捉剤（·R）を入れて $(C_{59}N)_2$ をラジカル開裂させると，誘導体の $RC_{59}N$ が得られる．ヒドロキノンなどを過剰に加えると水素化された $HC_{59}N$ が得られる [145]．$(C_{59}N)_2$ や $C_{59}NH$ は有機溶媒に溶解させると緑色を呈する．$(C_{59}N)_2$ と $HC_{59}N$ および C_{60} の酸化還元電位を表 2.11 に示す．

これらの第一還元電位に大きな差はなく，$(C_{59}N)_2$ と $HC_{59}N$ は C_{60} よりもわずかだけ還元されやすい．また，$(C_{59}N)_2$ の第三還元までの電位は，いずれもわずかに電位の異なる一電子還元波が対となって観測されている．これは，分子内の 2 つの $C_{59}N$ ケージがそれぞれ還元されるとき，ケージ間に電気的な相互作用が存在することを示している．$(C_{59}N)_2$ と $HC_{59}N$ の第一酸化電位はいずれも非可逆で

表 2.11 アザフラーレンの酸化還元電位* [147]

	$^{ox}E_1$	$^{red}E_1$	$^{red}E_2$	$^{red}E_3$
$(C_{59}N)_2$	+0.89**	−0.99, −1.07	−1.42, −1.49	−1.98, −2.09
$HC_{59}N$	+0.82**	−1.11	−1.50	
C_{60}	+1.30**	−1.12	−1.45	−1.91

*V vs. Fc/Fc$^+$, 電解質:(^{n}Bu)$_4$NBF$_6$, 溶媒:1,2-DCB. **不可逆.

あるが,C_{60} に比べて 0.5 V も小さく酸化されやすい.$(C_{59}N)_2$ に酸化剤としてヘキサブロモ(フェニル)カルバゾールのラジカルカチオン(HBPC$^{·+}$)と対イオンとしてビス(ヘキサクロロカルボラン)銀(I)塩を作用させると,C_{60} と同じ電子数をもつ $C_{59}N$ カチオンが $[C_{59}N^+][Ag(CB_{11}H_6Cl_6)_2^-]$ として得られる [146].

2.8 金属内包ヘテロフラーレン

2.7 節で紹介したアザフラーレンの有機合成の戦略を金属内包フラーレンにも適用することができれば,金属内包ヘテロフラーレンの有機合成も期待される.実際に,金属内包フラーレン誘導体の La@C_{82}(NCH$_2$Ph)および La$_2$@C_{80}(NCH$_2$Ph)(図 2.30)の高速原子衝撃質量分析(fast atom bombardment mass spectrometry;FAB MS)によるフラグメンテーションを解析すると,La@C_{81}N$^+$ や La$_2$@C_{79}N$^+$ の生成が確認される [148].La@C_{81}N は,[La@C_{82}]$^-$ と等電子体であり,ラジカル性をもたない.また,La$_2$@C_{79}N はラジカル性をもつが,不対電子は内包 La 原子間の結合性 σ 軌道に分布することが理論計算により示されている.このことから,La@C_{81}N や La$_2$@C_{79}N は $C_{59}N$ とは異なり,二量体を形成しないことが予想される.しかし,これらの合成と単離の報告はない.

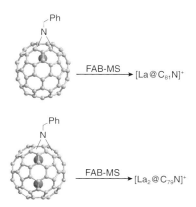

図 2.30 金属内包フラーレン誘導体 La@C$_{82}$(NCH$_2$Ph)および La$_2$@C$_{80}$(NCH$_2$Ph)の FAB-MS 測定による La@C$_{81}$N$^+$ および La$_2$@C$_{79}$N$^+$ の生成

一方で,窒素とアルゴンをバッファガスとしてイットリウム酸化物,テルビウム酸化物,あるいはガドリニウム酸化物を含む炭素棒を用いたアーク放電を行うと,フラーレンの合成過程で Y$_2$@C$_{79}$N,Tb$_2$@C$_{79}$N,Gd$_2$@C$_{79}$N がわずかながら生成することが報告されている [149].Tb$_2$@C$_{79}$N については単結晶が得られ,X 線結晶構造解析が行われたが,ケージ中の置換された窒素原子の位置を決定するには至らなかった.しかし理論計算結果に基づき,M$_2$@C$_{79}$N(M = Y, Tb, Gd)は,図 2.31 に示すように 2 つの六員環と 1 つの五員環に囲まれた炭素原子が窒素原子に置換された構造をもつことが提案されている.また,[Y$_2$@C$_{80}$]$^-$ と等電子構造をとる Y$_2$@C$_{79}$N の ESR 解析および理論計算から,スピン密度は炭素骨格にある N 原子上よりも内包 Y 原子間の結合性 σ 軌道に分布し,(Y$_2$)$^{5+}$@(C$_{79}$N)$^{5-}$ の電子構造をとることが示されている.Stevenson らは CAPTEAR 法を用いたアーク放電により La$_3$N@C$_{79}$N が生成することを質量分析

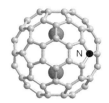

図 2.31 提案されている金属内包ヘテロフラーレン M$_2$@C$_{79}$N (M=Y, Tb, Gd) の構造

から確認しているが,単離には至っていない [150]．現在までの合成手法では金属原子を内包したヘテロフラーレン収量が極めて少ないため,構造と物性の解明には今後の研究が待たれる．

参考文献

[1] P. Fowler, D. E. Manolopoulos: *An Atlas of Fullerenes*, Clarendon Press, Oxford (1995).
[2] H. W. Kroto, et al.: *Nature*, **318**, 162 (1985).
[3] W. Krätschmer, et al.: *Nature*, **347**, 354 (1990).
[4] R. E. Haufler, et al.: *J. Phys. Chem.*, **94**, 8634 (1990).
[5] (a) A. Sesli, et al.: *Fullerenes, Nanotubes, Carbon Nanostruct.*, **13**, 1 (2005). (b) X. Song, et al.: *Carbon*, **44**, 1584 (2006).
[6] J. B. Howard, et al.: *Nature*, **352**, 139 (1991).
[7] R. Katoh, et al.: *Ultrason. Sonochem.*, **5**, 37 (1998).
[8] S. W. McElvany, et al.: *Science*, **259**, 1594 (1993).
[9] (a) Y. Tobe, et al.: *J. Am. Chem. Soc.*, **120**, 4544 (1998). (b) Y. Rubin, et al.: *Angew. Chem. Int. Ed.*, **37**, 1226 (1998).
[10] J. M. Hunter, et al.: *J. Phys. Chem.*, **98**, 1810 (1994).
[11] L. T. Scott, et al.: *Science*, **295**, 1500 (2002).
[12] V. Piacente, et al.: *J. Phys. Chem.*, **99**, 14052 (1995).
[13] V. Piacente, et al.: *J. Phys. Chem.*, **100**, 9815 (1996).
[14] B. Brunetti, et al.: *J. Phys. Chem. B*, **101**, 10715 (197).
[15] V. Piacente, et al.: *J. Phys. Chem. A*, **101**, 4303 (1997).

[16] R. Taylor, et al.: *J. Chem. Soc., Chem. Commun.*, 1423 (1990).
[17] (a) W. A. Scrivens, et al.: *J. Am. Chem. Soc.*, **114**, 7917 (1992). (b) W. A. Scrivens, et al.: *J. Am. Chem. Soc.*, **116**, 6939 (1994).
[18] J. M. Hawkins, et al.: *J. Org. Chem.*, **55**, 6250 (1990).
[19] A. Skiebe, et al.: *Chem. Phys. Lett.*, **220**, 138 (1994).
[20] (a) K. Nagata, et al.: *Chem. Lett.*, **34**, 178 (2005). (b) K. Nagata, et al.: *Org. Process Res. Dev.*, **9**, 660 (2005).
[21] R. S. Ruoff, et al.: *J. Phys. Chem.*, **97**, 3379 (1993).
[22] (a) R. C. Haddon: *Science*, **261**, 1545 (1993). (b) R. C. Haddon: *J. Am. Chem. Soc.*, **119**, 1797 (1997).
[23] H. W. Kroto, *Nature*, **329**, 529 (1987).
[24] T. G. Schmalz, et al.: *J. Am. Chem. Soc.*, **110**, 1113 (1988).
[25] W. I. F. David, et al.: *Nature*, **353**, 147 (1991).
[26] K. Hedberg, et al.: *Science*, **254**, 410 (1991).
[27] S. Liu, et al.: *Science*, **254**, 408 (1991).
[28] H. -D. Beckhaus, et al.: *Angew. Chem., Int. Ed. Engl.*, **31**, 63 (1992).
[29] Z. Slanina, et al.: *Chem. Phys. Lett.*, **384**, 114 (2004).
[30] (a) K. Ziegler, et al.: *J. Am. Chem. Soc.*, **132**, 17099 (2010). (b) Y. -Z. Tan, et al.: *J. Am. Chem. Soc.*, **132**, 17102 (2010).
[31] M. D. Diener, J. M. Alford: *Nature*, **393**, 668 (1998).
[32] A. A. Goryunkov, et al.: *Angew. Chem., Int. Ed.*, **43**, 997 (2004).
[33] (a) N. B. Shustova, et al.: *J. Am. Chem. Soc.*, **128**, 15793 (2006). (b) N. B. Shustova, et al.: *Angew. Chem. Int. Ed.*, **46**, 4111 (2007).
[34] R. Ettl, et al.: *Nature*, **353**, 149 (1991).
[35] J. R. Colt, G. E. Scuseria, *J. Phys. Chem.*, **96**, 10265 (1992).
[36] F. Diederich et al.: *Science*, **254**, 1768 (1991).
[37] (a) K. Raghavachari, C. M. Rohlfing: *Chem. Phys. Lett.*, **208**, 436 (1993). (b) J.-i. Aihara, A. Sakurai: *Int. J. Quantum Chem.*, **74**, 753 (1999). (c) G. Sun, M. Kertesz: *J. Phys. Chem. A*, **104**, 7398 (2000).
[38] F. Diederich, et al.: *Science*, **254**, 1768 (1991).
[39] K. Kikuchi, et al.: *Nature*, **357**, 142 (1992).
[40] T. Wakabayashi, et al.: *J. Phys. Chem.*, **98**, 3090 (1994).
[41] K. S. Simeonov, et al.: *Angew. Chem. Int. Ed.*, **47**, 6283 (2008).
[42] C. -R. Wang, et al.: *Chem. Commun.*, 557 (2000).
[43] M. Saunders, et al.: *J. Am. Chem. Soc.*, **117**, 9305 (1995).

[44] D. E. Manolopoulos, et al.: *J. Chem. Soc., Faraday Trans.*, **88**, 3117 (1992).

[45] L. Epple, et al.: *Chem. Commun.*, 5610 (2008).

[46] (a) I. E. Kareev, et al.: *Angew. Chem. Int. Ed.*, **47**, 6204 (2008). (b) N. B. Tamm, et al.: *Chem. Eur. J.*, **15**, 10486 (2009).

[47] M. A. Lanskikh, et al.: *Inorg. Chem.*, **51**, 2719 (2012).

[48] (a) P. A. Troshin, et al.: *Science*, **309**, 278 (2005). (b) I. N. Ioffe, et al.: *Angew. Chem. Int. Ed.*, **49**, 4784 (2010). (c) Y.-Z. Tan, et al.: *Nat. Commun.*, **2**, 420 (2011). (d) I. N. Ioffe, et al.: *Inorg. Chem.*, **52**, 13821 (2013). (e) S. Yang, et al.: *Angew. Chem. Int. Ed.*, **53**, 2460 (2014). (f) T. Wei, et al.: *Chem. Asian J.*, **10**, 559 (2015). (g) S. Yang, et al.: *Chem. Eur. J.*, **21**, 15138 (2015). (h) I. N. Ioffe, et al.: *Chem. Eur. J.*, **21**, 4904 (2015). (i) S. Wang, et al.: *Angew. Chem. Int. Ed.*, **55**, 3451 (2016).

[49] Z. Wang, et al.: *Angew. Chem. Int. Ed.*, **52**, 11770 (2013).

[50] C.-R. Wang, et al.: *J. Am. Chem. Soc.*, **128**, 6605 (2006).

[51] I. N. Ioffe, et al.: *Angew. Chem. Int. Ed.*, **48**, 5904 (2009).

[52] H. Prinzbach, et al.: *Nature*, **407**, 60 (2000).

[53] (a) R. J. Ternansky, et al.: *J. Am. Chem. Soc.*, **104**, 4503 (1982) (b) L. A. Paquette, et al.: *J. Am. Chem. Soc.*, **105**, 5446 (1983).

[54] J. M. Hawkins, A. Meyer: *Science*, **260**, 1918 (1993).

[55] J. Crassous, et al.: *Angew. Chem. Int. Ed.*, **38**, 1613 (1999).

[56] Y. Shoji, et al.: *J. Am. Chem. Soc.*, **132**, 5928 (2010).

[57] H. Goto, et al.: *J. Chem. Soc., Perkin Trans. 2*, 1719 (1998).

[58] F. Furche, R. Ahlrichs: *J. Am. Chem. Soc.*, **124**, 3804 (2002).

[59] C. Yamamoto, et al.: *Chem. Commun.*, 925 (2001).

[60] J. M. Hawkins, et al.: *J. Am. Chem. Soc.*, **116**, 7642 (1994).

[61] T. M. Krygowski, A. Ciesielski: *J. Chem. Inf. Comput. Sci.*, **35**, 1001 (1995).

[62] P. V. Schleyer, et al.: *J. Am. Chem. Soc.*, **118**, 6317 (1996).

[63] J. Poater, et al.: *Chem. Eur. J.*, **9**, 400 (2003).

[64] J. Poater, et al.: *Chem. Eur. J.*, **9**, 1113 (2003).

[65] A. B. Smith, et al.: *J. Am. Chem. Soc.*, **115**, 5829 (1993).

[66] (a) T. Suzuki, et al.: *J. Am. Chem. Soc.*, **114**, 7301 (1992). (b) L. Isaacs, F. Diederich: *Helv. Chim. Acta*, **76**, 2454 (1993). (c) A. B. Smith, et al.: *J. Am. Chem. Soc.*, **117**, 5492 (1995). (d) A. F. Kiely, et al.: *J. Am. Chem. Soc.*, **121**, 7971 (1999).

[67] Q. Xie, et al.: *J. Am. Chem. Soc.*, **114**, 3978 (1992).

[68] C. Bruno, et al.: *J. Am. Chem. Soc.*, **125**, 15738 (2003).

[69] C. A. Reed, et al.: *Science*, **289**, 101 (2000).

[70] M. Riccò, et al.: *J. Am. Chem. Soc.*, **132**, 2064 (2010).
[71] T. Wakahara, et al.: *Curr. Org. Chem.*, **7**, 927 (2003).
[72] C. A. Reed, R. D. Bolskar: *Chem. Rev.*, **100**, 1075 (2000).
[73] J. W. Arbogast, et al.: *J. Phys. Chem.*, **95**, 11 (1991).
[74] Y. Yamakoshi, et al.: *J. Am. Chem. Soc.*, **125**, 12803 (2003).
[75] M. Saunders, et al.: *Science*, **259**, 1428 (1993).
[76] (a) M. Saunders, et al.: *Nature*, **367**, 256 (1994). (b) M. Saunders, et al.: *J. Am. Chem. Soc.*, **116**, 2193 (1994).
[77] (a) M. Saunders, et al.: *J. Am. Chem. Soc.*, **116**, 3621 (1994). (b) A. B. Smith, et al.: *J. Am. Chem. Soc.*, **116**, 10831 (1994). (c) M. Rüttimann, et al.: *Chem. Eur. J.*, **3**, 1071 (1997). (d) O. V. Boltalina, et al.: *J. Chem. Soc., Perkin Trans. 2*, 1475 (1999).
[78] (a) E. Shabtai, et al.: *J. Am. Chem. Soc.*, **120**, 6389 (1998). (b) T. Sternfeld, et al.: *J. Am. Chem. Soc.*, **124**, 8786 (2002).
[79] V. Elser, R. C. Haddon: *Nature*, **325**, 792 (1987).
[80] Y. Morinaka, et al.: *Chem. Commun.*, **46**, 4532 (2010).
[81] B. A. DiCamillo, et al.: *J. Phys. Chem.*, **100**, 9197 (1996).
[82] (a) H. M. Lee, et al.: *Chem. Commun.*, 1352 (2002). (b) Y. Morinaka, et al.: *Nat. Commun.*, **4**, 1554 (2013).
[83] K. Yamamoto, et al.: *J. Am. Chem. Soc.*, **121**, 1591 (1999).
[84] M. Frunzi, et al.: *J. Am. Chem. Soc.*, **129**, 13343 (2007).
[85] T. A. Murphy, et al.: *Phys. Rev. Lett.*, **77**, 1075 (1996).
[86] H. Nikawa, et al.: *Chem. Commun.*, **46**, 631 (2010).
[87] T. Wakahara, et al.: *Chem. Commun.*, **9**, 2940 (2003).
[88] M. D. Diener, J. M. Alford: *Nature*, **393**, 668 (1998).
[89] B. Sun, Z. Gu: *Chem. Lett.*, **31**, 1164 (2002).
[90] (a) R. D. Bolskar, J. M. Alford: *Chem. Commun.*, 1292 (2003). (b) J. W. Raebiger, R. D. Bolskar: *J. Phys. Chem. C*, **112**, 6605 (2008). (c) K. Akiyama, et al.: *J. Am. Chem. Soc.*, **134**, 9762 (2012).
[91] (a) S. Stevenson, et al.: *J. Am. Chem. Soc.*, **128**, 8829 (2006). (b) Z. Ge, et al.: *J. Am. Chem. Soc.*, **127**, 16292 (2005).
[92] H. Umemoto, et al.: *Chem. Commun.*, **46**, 5653 (2010).
[93] M. Takata, et al.: *Phys. Rev. Lett.*, **83**, 2214 (1999).
[94] Y. Iiduka, et al.: *J. Am. Chem. Soc.*, **127**, 12500 (2005).
[95] T. Akasaka, et al.: *J. Am. Chem. Soc.*, **122**, 9316 (2000).

[96] M. Yamada, et al.: *J. Am. Chem. Soc.*, **136**, 7611 (2014).
[97] B. Q. Mercado, et al.: *Angew. Chem. Int. Ed.*, **48**, 9114 (2009).
[98] W. Xu, et al.: *J. Am. Chem. Soc.*, **135**, 4187 (2013).
[99] T. Tsuchiya, et al.: *Angew. Chem. Int. Ed.*, **44**, 3282 (2005).
[100] M. Yamada, T. Akasaka: *Bull. Chem. Soc. Jpn.*, **87**, 1289 (2014).
[101] M. Yamada, et al.: *J. Am. Chem. Soc.*, **128**, 1400 (2006).
[102] T. Akasaka, et al.: *Angew. Chem., Int. Ed. Engl.*, **36**, 1643 (1997).
[103] (a) M. Yamada, et al.: *J. Am. Chem. Soc.*, **127**, 14570 (2005). (b) M. Yamada, et al.: *Chem. Eur. J.*, **15**, 9486 (2009). (c) M. Suzuki, et al.: *Chem. Eur. J.*, **19**, 17125 (2013).
[104] S. Stevenson, et al.: *Nature*, **401**, 55 (1999).
[105] L. Dunsch, et al.: *J. Phys. Chem. Solids*, **65**, 309 (2004).
[106] S. Stevenson, et al.: *J. Am. Chem. Soc.*, **129**, 16257 (2007).
[107] M. M. Olmstead, et al.: *J. Am. Chem. Soc.*, **122**, 12220 (2000).
[108] C. R. Wang, et al.: *Chem. Phys. Lett.*, **300**, 379 (1999).
[109] (a) C. -R. Wang, et al.: *Angew. Chem. Int. Ed.*, **40**, 397 (2001). (b) H. Kurihara, et al.: *Inorg. Chem.*, **51**, 746 (2012).
[110] Y. Iiduka, et al.: *J. Am. Chem. Soc.*, **127**, 12500 (2005).
[111] T. -S. Wang, et al.: *J. Am. Chem. Soc.*, **131**, 16646 (2009).
[112] Y. Yamazaki, et al.: *Angew. Chem. Int. Ed.*, **47**, 7905 (2008).
[113] S. Stevenson, et al.: *J. Am. Chem. Soc.*, **130**, 11844 (2008).
[114] B. Q. Mercado, et al.: *Chem. Commun.*, **46**, 279 (2010).
[115] B. Q. Mercado, et al.: *J. Am. Chem. Soc.*, **132**, 12098 (2010).
[116] L. Dunsch, et al.: *J. Am. Chem. Soc.*, **132**, 5413 (2010).
[117] N. Chen, et al.: *J. Am. Chem. Soc.*, **134**, 7851 (2012).
[118] S. Yang, et al.: *Sci. Rep.*, **3**, 1487 (2013).
[119] T. -S. Wang, et al.: *J. Am. Chem. Soc.*, **132**, 16362 (2010).
[120] M. Krause, et al.: *ChemPhysChem*, **8**, 537 (2007).
[121] K. Kobayashi, et al.: *J. Am. Chem. Soc.*, **119**, 12693 (1997).
[122] C. -R. Wang, et al.: *Nature*, **408**, 426 (2000).
[123] S. Stevenson, et al.: *Nature*, **408**, 427 (2000).
[124] M. M. Olmstead, et al.: *Angew. Chem. Int. Ed.*, **42**, 900 (2003).
[125] (a) H. Kato, et al.: *J. Am. Chem. Soc.*, **125**, 7782 (2003). (b) M. Yamada, et al.: *J. Phys. Chem. A*, **112**, 7627 (2008).
[126] C. M. Beavers, et al.: *J. Am. Chem. Soc.*, **131**, 11519 (2009).

[127] Y. Hao, et al.: *Inorg. Chem.*, **54**, 4243（2015）.
[128] Y. Zhang, et al.: *Angew. Chem. Int. Ed.*, **54**, 495（2015）.
[129] B. Q. Mercado, et al.: *J. Am. Chem. Soc.*, **130**, 7854（2008）.
[130]（a）C. M. Beavers, et al.: *J. Am. Chem. Soc.*, **128**, 11352（2006）.（b）T. Zuo, et al.: *Chem. Commun.*, 1067（2008）.
[131] J. Zhang, et al.: *Nat. Chem.*, **5**, 880（2013）.
[132] T. Wakahara, et al.: *J. Am. Chem. Soc.*, **128**, 14228（2006）.
[133]（a）H. Nikawa, et al.: *J. Am. Chem. Soc.*, **127**, 9684（2005）.（b）H. Nikawa, et al.: *J. Am. Chem. Soc.*, **131**, 10950（2009）.（c）T. Akasaka, et al.: *Angew. Chem. Int. Ed.*, **49**, 9715（2010）.（d）X. Lu, et al.: *Angew. Chem. Int. Ed.*, **50**, 6356（2011）.

コラム 2

フラーレン全合成への挑戦

C_{60}，いわゆるサッカーボール分子の構造が発表されたとき，その美しさに感動したのは物理科学者だけではなく，多くの有機化学者もその「有機化合物」としての視点からその美しさに魅了された．そして多くの合成有機化学者が C_{60} そのものを「全合成」してみたいと思ったはずである．しかし，60個もの曲がった sp^2 炭素を構築し，しかもそれを多面体として「閉じる」ことは容易ではない．実際，いわゆる古典的な逐次合成による C_{60} の合成は未だ達成されていない．

C_{60} を「狙って」合成した最初の例としては Scott らによる C_{60} ユニットを有する平面性の分子からの熱分解反応が挙げられる［1］．その後，同様な C_{60} ユニット分子から金属表面での脱水素カップリング反応を繰り返すことによりほぼ定量的に C_{60} が生成することが報告された［2］（ちなみに同じ戦略でカーボンナノチューブの単一キラリティ合成も達成されている［3］）．

これらの手法では確かに C_{60} 合成が達成していることが確認されている．ただしこれらの特殊な反応条件下では，熱力学的に安定な分子である C_{60} だけがサバイバルゲームに「勝ち残った」だけであるともい言え，合成化学の醍醐味

[134] Y. Maeda, et al.: *Carbon*, **98**, 67 (2016).
[135] A. A. Popov, et al.: *Chem. Rev.*, **113**, 5989 (2013).
[136] T. Suzuki, et al.: *Tetrahedron*, **52**, 4973 (1996).
[137] T. Suzuki, et al.: *Angew. Chem., Int. Ed. Engl.*, **34**, 1094 (1995).
[138] A. A. Popov, et al.: *J. Phys. Chem. Lett.*, **2**, 1592 (2011).
[139] (a) R. Tellgmann, et al.: *Nature*, **382**, 407 (1996). (b) A. Gromov, et al.: *Chem. Commun.*, 2003 (1997).
[140] S. Aoyagi, et al.: *Nat. Chem.*, **2**, 678 (2010).
[141] (a) K. Komatsu, et al.: *Science*, **307**, 238 (2005). (b) M. Murata, et al.: *J. Am. Chem. Soc.*, **128**, 8024 (2006).

である．どんなに不安定な分子であっても人工的に構築できる，といった観点からはまだまだ理想からは程遠い状態である．今後我々が「デザイン」したフラーレン分子を「狙ったものだけ」つくるためには，やはり逐次合成による全合成の達成が不可欠である．まだまだ合成化学者の夢への挑戦は続いている．

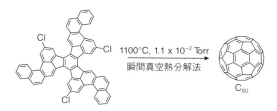

[1] L. T. Scott, et al.: *Science*, **295**, 1500 (2002).
[2] G. Otero, et al.: *Nature*, **454**, 865 (2008).
[3] J. R. Sanchez-Valencia, et al.: *Nature*, **512**, 61 (2014).

（大阪大学大学院工学研究科　櫻井英博）

[142] K. Kurotobi, Y. Murata: *Science*, **333**, 613 (2011).
[143] R. Zhang, et al.: *Nat. Chem.*, **8**, 435 (2016).
[144] J. C. Hummelen, et al.: *Science*, **269**, 1554 (1995).
[145] M. Keshavarz-K, et al.: *Nature*, **383**, 147 (1996).
[146] K. -C. Kim, et al.: *J. Am. Chem. Soc.*, **125**, 4024 (2003).
[147] C. Bellavia-Lund, et al.: *J. Am. Chem. Soc.*, **119**, 2946 (1997).
[148] T. Akasaka, et al.: *Chem. Lett.*, 945 (1999).
[149] (a) T. Zuo, et al.: *J. Am. Chem. Soc.*, **130**, 12992 (2008). (b) W. Fu, et al.: *J. Am. Chem. Soc.*, **133**, 9741 (2011).

コラム 3

フラーレンの分子手術

内包フラーレンは主に金属を含む炭素棒のアーク放電により生成されるが,大量に生産されるフラーレン C_{60} には,金属はほとんど内包されない.また,フラーレン C_{60} の内部に N 原子や Li イオンを挿入することも可能ではあるが,過酷な条件下での処理が必要であり,また収率も低い.そこで,合理的な内包フラーレンの合成法として,温和な条件の下,有機化学反応を用いる手法が注目されている.これは,空のフラーレン骨格の炭素-炭素結合を順次切断することで開口部を構築し,その開口部から内部に小分子を挿入する.その後,内包された分子を内部に閉じ込めたままで,開口部を元通りに修復し,内包フラーレンを合成するというものである.これは,あたかもナノメートルサイズのフラーレン分子に対して外科手術を施しているともみなすことができることから,内包フラーレン合成における「分子手術法」ともいえよう.

本手法を利用した最初の内包フラーレンが 2005 年に京都大学から報告された.すなわち,穴の開いた C_{60} 誘導体の内部に 1 個の H_2 分子が挿入され,その穴を元通りに修復することによって, H_2 分子を内包した C_{60} が初めて合成された.この手法はより大きなフラーレン C_{70} へも適用可能であり,この場合には,2 個の H_2 分子をも内包させることができる.また 2011 年には, H_2O 分子を内包したフラーレン C_{60} が合成された(図).

[150] S. Stevenson, et al.: *J. Am. Chem. Soc.*, **131**, 17780 (2009).

　この分子内部では，水素結合の全くないH_2Oの単分子が実現されており，物性研究へと展開されている．本手法は，原理的にはどのようなフラーレンに対しても適用可能であり，また，望みの化学種を選択的に内包させることができる可能性をもっているため，今後の発展がますます期待される [1, 2]．

図　H_2O の単分子を内包したフラーレン C_{60} の分子構造
（カラー図は口絵参照）

[1] 松尾豊（監修）:『フラーレン誘導体・内包技術の最前線』pp.135-142，水分子内包フラーレン（村田靖次郎，張鋭，橋川祥史），シーエムシー出版（2014）．
[2] R. Zhang, et al.: *J. Am. Chem. Soc.*, **136**, 8193 (2014).

（京都大学化学研究所　村田靖次郎）

コラム 4

N@C$_{60}$ 科学の最前線

　サッカーボール型分子（フラーレン）が発見された当初から，その中空空間に他の原子やイオンを内包させ反応性や分子磁性のコントロールが試された．その結果，様々な方法により種々の原子やイオンがフラーレンの中空空間に内包されるようになった［1］．

　その中でも窒素原子が C$_{60}$ に内包された N@C$_{60}$ は，特別な存在である．窒素プラズマ流の中で C$_{60}$ を昇華させると，極微量の窒素原子 N が C$_{60}$ の炭素ケージ内に，ある確率で飛び込み N@C$_{60}$ が形成される［2］．その特徴は，C$_{60}$ 分子の中心に N 原子が安定に内包され，C$_{60}$ 分子の I_h 対称性を崩さない．そのために，中心 N 原子と C$_{60}$ ケージの相互作用が無視できるほど小さく，N 原子が C$_{60}$ 内のナノサイズ宇宙に浮くが如く孤立して，N 原子の $^4S_{3/2}$ 基底電子状態が保存される［3］．結果的に，電子スピン四重項状態という極めて活性の高い「常磁性」状態が大気下・室温溶液中で手に入る．加えて，孤立するが故に，その電子スピンの「向きの記憶」が常識外れに長時間残る［4］．この特徴は，「磁性」という量子状態記憶を保持するナノサイズ素子が大気下で得られることを意味し，量子コンピュータ素子になり得るとして，現在も精力的な研究が続けられている［5］．窒素プラズマ流中での N@C$_{60}$ の生成収率を上げ，高純度の N@C$_{60}$ をいかに得るか？［6］ナノサイズで決められた距離に最適な配置で，N@C$_{60}$ をいかに精度よく並べるか？［7］N@C$_{60}$ 量子コンピュータ実現に向けて，

フラーレン化学者の真価が今まさに問われている.

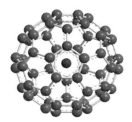

図　中心は N 原子
(カラー図は口絵参照)

[1] X. Lu, et al.: *Chem. Commun.*, **47**, 5942 (2011).
[2] A. Weidinger, et al.: *Appl. Phys. A*, **66**, 287 (1998).
[3] T. A. Murphy, et al.: *Phys. Rev. Lett.*, **77**, 1075 (1996).
[4] J. J. L. Morton, et al.: *J. Chem. Phys.*, **124**, 14508 (2006).
[5] W. Harneit, et al.: *AIP Conf. Proc.*, **544**, 207 (2000).
[6] P. Jackes, et al.: *Phys. Chem. Chem. Phys.*, **5**, 4080 (2003).
[7] B. J. Farrington, et al.: *Angew. Chem. Int. Ed.*, **51**, 3587 (2012).

(京都大学国際高等教育院　加藤立久)

コラム5

金属内包フラーレンの構造決定—単結晶X線構造解析

内包フラーレンの研究において単結晶X線構造解析の果たしてきた貢献は計り知れない．30年ほど前，Krotoらは初めての内包フラーレンの「証拠」を報告した．ただし，それはC_{60}の内部にLa原子が存在する（La@C_{60}）に違いないと期待されたものの，ケージの外側に結合している可能性も残されていた．後に様々な内包フラーレンのX線構造解析が行われるようになり，金属原子がフラーレンの内部に確かに存在しうることが明らかになった．一方で，La@C_{60}の詳細な構造は未だに明らかにされていない．La原子はC_{60}の中心に存在するのだろうか？ あるいは偏った位置に存在するのだろうか？ あるいは内部で回転運動をしているのだろうか？ 単結晶さえ得ることができればX線構造解析が答えを教えてくれる疑問はたくさんある．内包フラーレンの構造のライブラリーができたことにより，理論計算や種々の実験データの解釈はより明瞭になった．しかし，予期せぬ構造をもつ内包フラーレンが未だに多く見つかっている．

1つめの予期せぬ結果は，カーバイド内包フラーレンの存在である．X線構造解析は，炭素原子がケージ構造としてだけでなく，様々な金属原子と結合したかたちでケージ内部にも存在しうることを明らかにした．2つめの予期せぬ結果は，non-IPR則構造をもつ内包フラーレンの存在が珍しくないことである．もしIPR則を満たさないのであれば，構造の同定にあたり数万にも及ぶ異性体を考慮しなければならない．1 mgもしくはそれより少ない試料しか手に入らない場合，たった1つの単結晶さえ作製できればよいというX線構造解析の強みが威力を発揮する．

これまで，フラーレンと他の分子との共結晶の作製に多大な労力が費やされてきた．なかでも成功を収めてきた共結晶化剤がNi(OEP)（OEPはoctaethylporphyrinの二価のイオンを表す）である．この分子は，フラーレン表面とのπ-π相互作用が働く芳香族平面だけでなく，CH-π相互作用が働く多くの水素原子をもつため，結果としてフラーレンを包み込む「カップ」の働きをする．

その他の共結晶化剤としては，曲面または平面の芳香族化合物や硫黄などが知られる．構造解析では，結晶系が cubic や tetragonal のような高い対称性の空間群に属さず，むしろ triclinic や monoclinic のような低い対称性に属する場合によい結果が得られる傾向がある．また，内包フラーレンの化学修飾による置換基導入は，対称性が低下するためにディスオーダー（結晶中の配列の乱れ）を減らす効果がある．下左図には non-IPR ケージ構造をもつカーバイド内包フラーレン $Gd_2C_2@C_1(51383)$-C_{84} と Ni(OEP) との共結晶の構造を示す [1]．

3つめの予期せぬ結果は，炭素ケージに七員環を含むフラーレンの発見である．オイラーの多面体定理（第2章 2.1.4節参照）に従えば，七員環を1つ含むフラーレンには五員環が13個存在するはずであり，実際，最近報告された「非古典的」な $LaSc_2N@C_s$(hept)-C_{80} の構造（下右図）はそのとおりになっている [2]．

X線構造解析は「良質」な結晶が得られるかどうかにかかっている．フラーレンの結晶化では，他の多くの化合物と同じ課題（希少性，溶解性，安定性，純度）に悩まされる．もし試料の純度が低ければ，得られる回折パターンは解析不可能に陥ってしまう．フラーレンでは，クロマトグラフィーによる異性体の分離が必ずしもうまくいかないので，異性体の純度がしばしば問題になる．

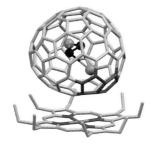
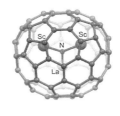

（カラー図は口絵参照）

溶解性についていえば，多くのフラーレンは二硫化炭素によく溶けるものの，この直線型の分子は，丸いフラーレン分子の回転を止める助けにはならない．また，二硫化炭素は結晶中から蒸発しやすく，結晶性の低下を引き起こす．ベンゼンや塩化メチレンを用いた場合も，これらの状況はさほど改善しない．測定の際，低温窒素ガスによる結晶の冷却は不可欠であり，回転によるディスオーダーを抑制できる場合もある．結晶が非常に小さいときには，高輝度のシンクロトロン放射光が効果的である．

[1] J. Zhang, et al.: *Nat. Chem.*, **5**, 880（2013）.
[2] Y. Zhang, et al.: *Angew. Chem. Int. Ed.*, **54**, 495（2015）.

（カリフォルニア大学デイビス校　Marilyn M. Olmstead　鈴木光明訳）

コラム 6

金属内包フラーレンの構造：理論計算と実験

　金属内包フラーレンの様々な分野への応用研究において，構造解明は基本的な重要課題である．すなわち，金属原子はどのようなフラーレンに内包され，その内部空間の何処にどのように存在するかを明らかにすることである．これらは，反応性，電子・磁気特性，機能化などの重要な情報をも与える．金属原子は最も豊富に生成・単離されるフラーレンに内包されると考えるのが自然である．しかしこの考えは，金属原子からフラーレンへの電子移動のために常に正しくないことが理論計算により示され，理論予測された多くの金属内包フラーレンの構造が^{13}C NMR 測定と単結晶 X 線構造解析より確証された．例えば，$Sc_3@C_{82}$ は金属原子を 3 個内包する代表例として広く信じられた．しかし，この信じられた構造は誤りで，全く異なる $Sc_3C_2@C_{80}$ であることが理論計算と実験の連携で明らかにされた．内包された金属原子は，炭素ケージや内包種の組み合わせによって，特定の位置にほぼ静止していたり，3 次元的に自由回転していたりする，あるいはフラーレン表面を化学修飾すると 2 次元的回転にも静止させることもできることが理論計算で提案されたが，これらはすべて実験でも実証された．フラーレンは炭素の五員環と六員環から構成されるが，五員環は隣接しないという孤立五員環則がフラーレン化学で確立されている．しかし，金属内包フラーレンでは孤立五員環則は必ずしも満足されない，また炭素ケージに七員環などを含んでも安定になりえることが理論予測され，数多くの実験研究において実証されて，フラーレンの化学を豊富にしている．ここで述べた例を含めて，理論計算と実験のインタープレイは極めて重要であることがまとめられている [1]．

[1] S. Nagase: *Bull. Chem. Soc. Jpn.*, **87**, 167（2014）.

（京都大学福井謙一記念研究センター　永瀬茂）

第3章

フラーレンの化学反応性と分子変換法

　フラーレンは，歪んだπ電子系とその分子構造に由来する低いLUMO準位や高いHOMO準位をもつので，高い化学反応性を示すことが予測される．これまでにフラーレンの化学反応性や分子変換による物性の制御法に関する理解が進み，様々な実用化に向けての応用も開発されている．本章では基本的なフラーレンの化学反応による分子変換法について紹介する．

3.1　フラーレンの化学反応性

　一般的にフラーレンは，その低いLUMO準位に対応して，電子受容性のポリエンとしての化学反応性を示す．一般的な有機化合物と同様に，電荷密度，HOMOやLUMO，スピン密度などから化学反応性，反応位置選択性，反応機構を理解することができる．電子移動反応では酸化還元電位，光反応においては励起エネルギーなどにも着目する必要がある．sp^2混成をとるフラーレンの炭素原子には，大きなPOAV値に示されるように，球状構造に由来する大きな歪みがかかっている．この角度歪みは，付加反応によるsp^2混成炭素からsp^3混成炭素への変換により減少し，POAV値の大きい炭素原子への付加であるほど歪みエネルギーの解消には効果的である[1]．このために，フラーレンの反応性と付加位置の選択性は

POAV 値から説明できる場合も多い．例えば，第 2 章 2.1.5 節で紹介した non-IPR フラーレンの隣接五員環周りの高い化学反応性は，大きな角度歪みが因子の 1 つとされている．

3.2　C_{60} の付加様式

C_{60} の付加反応では，60 個の等価な炭素原子をもつために反応点が多く，多付加体が生成しやすい．そのため付加基の数や付加位置を制御することが重要となる．C_{60} への代表的な付加様式を図 3.1 に示す．C_{60} 付加体の付加基の位置関係を表す方法として，第 5 章（5.2 節）に示すような複数の方法がこれまでに用いられている．本書では，隣接炭素への付加を 1,2-付加，4 つあるいは 6 つ離れた炭素原子への付加をそれぞれ 1,4-付加，1,6-付加と呼ぶ．1,2-付加には，[5,6]-結合と [6,6]-結合への付加があり，それぞれフラーレン骨格の結合が開裂するものとしないものがあるので，4 種類の付加様式がある．1,2-付加でメチレンが架橋したもののうち，閉環構造をとり 58π 電子系となる付加体はメタノフラーレン，開

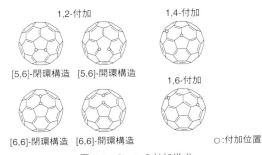

図 3.1　C_{60} への付加様式

環構造をとり 60π 電子系を保持している付加体はフレロイドとも呼ばれている（第2章図2.20参照）．

付加位置の選択性は，速度論的・熱力学的に考察されている．例えば，C_{60} と ^tBuLi の反応では $^tBu\text{-}C_{60}^-$ が生成し，次いで酸を反応させると1,2-付加した $C_{60}(^tBu)H$ が生成する（式(3.1)）[2,3]．

$$C_{60} \xrightarrow{^tBuLi} {}^tBu\text{-}C_{60}^- \xrightarrow{H^+} \text{[構造式]} \qquad (3.1)$$

中間体の $^tBu\text{-}C_{60}^-$ では，付加位置の隣接炭素に負電荷が局在化していることから，1,2-付加体は速度論的支配の生成物と考えられる（図3.2）[2]．

これに加えて1,4-付加あるいは1,6-付加では[5,6]-結合の二重結合性が増大することになりフラーレン骨格の歪みエネルギーが大きくなることから，1,2-付加体が熱力学的にも有利な生成物となる．

一方，付加するものが嵩高くなると付加基同士に働く立体反発に

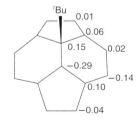

図3.2　$^tBu\text{-}C_{60}^-$ の部分構造とその電荷密度

よって1,2-付加体が不安定化するので,熱力学的支配により1,4-付加体や1,6-付加体が生成する [4-9].$C_{60}{}^{2-}$と^tBuIから調製した^tBu-$C_{60}{}^-$と臭化ベンジルとの反応では,立体障害の少ない1,4-付加体が主生成物として得られる(式(3.2)).

$$C_{60}{}^{2-} \xrightarrow{^tBuI} {}^tBu\text{-}C_{60}{}^- \xrightarrow{PhCH_2Br} \quad (3.2)$$

3.3　化学修飾による電気化学特性の制御

　C_{60}の酸化還元電位は,化学修飾によって制御することができる.一般的に,付加基を導入して58π電子系にすると,酸化と還元の電位はいずれも酸化されやすく,還元されにくい方向にシフトする [10-14].この傾向は,ケイ素付加基などの電子供与基を導入するとさらに顕著になる(表3.1の8から13).これに対して,酸素やシアノ基などの電子求引基を導入すると還元電位を還元されやすい方向にシフトさせることもできる(表3.1の1,3,6,7).また,付加様式の違いが与える酸化還元電位への影響も大きく,なかでも1,6-付加体(表3.1の13)は非常に低い酸化電位をもつ.

　図3.1に示すように,1,6-付加体は[5,6]-二重結合を2カ所もっている.この1,6-付加体を一電子酸化すると[5,6]-二重結合はいずれも単結合性となり,大きな角度歪みが解消される.これが1,6-付加体の非常に低い酸化電位の要因と提案されている [13].図3.3にシリル化フラーレンを例として,理論計算の結果を示す.1,2-,1,4-,1,6-付加体の相対エネルギーを比較すると,中性で

3.3 化学修飾による電気化学特性の制御　97

表 3.1　種々の C_{60} 誘導体の酸化還元電位*

Compound	$^{ox}E_1$	$^{red}E_1$	ΔE_{gap}
C_{60}	+1.21	−1.12	2.33
1	+1.22	−1.08	2.30
2	+1.10	−1.18	2.28
3		−0.95	
4	+1.03	−1.23	2.26
5		−1.22	
6		−1.10	
7		−0.90	
8	+0.65	−1.26	1.91
9	+1.08	−1.28	2.36
10	+0.92	−1.27	2.19
11	+0.60	−1.29	1.89
12	+0.73	−1.22	1.95
13	+0.33	−1.19	1.52

*V vs. Fc/Fc$^+$，電解質：$(^nBu)_4NPF_6$，溶媒：1,2-DCB．ΔE_{gap} は第一還元電位と第一酸化電位の差を示す．

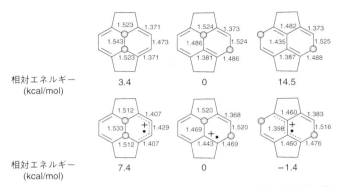

相対エネルギー
(kcal/mol)

図 3.3 $C_{60}(SiH_3)_2$ と $C_{60}(SiH_3)_2$ ラジカルカチオンの部分構造，結合長（Å）と相対安定性（AM 1 計算）
○（グレー）は SiH_3 基の付加位置を表す．

は 1,6-付加体が最も不安定であるのに対し，ラジカルカチオンでは 1,6-付加体が最安定となる．化学修飾によるフラーレンの酸化還元の制御は，第 4 章で述べるように，有機薄膜太陽電池の光活性層の n 型半導体材料として用いるうえで重要である．

3.4　C_{60} の分子変換

3.4.1　求核付加反応

電子受容性の C_{60} に有機リチウム試薬あるいはグリニャール試薬を作用させると，R-C_{60}^- が生じる（式(3.3)）[2-4,15]．R-C_{60}^- に酸やハロゲン化アルキルを加えると $C_{60}(R)H$ や $C_{60}R_2$ が生成する．中間体として生成する R-C_{60}^- は，酸素やヨウ素で酸化すると $RC_{60}\cdot$ になり，二量化して RC_{60}-$C_{60}R$ を生成する．C_{60} に結合した水素原子（フラレニルプロトン）は酸性度が高く（例えば $C_{60}(^tBu)H$：pK_a

=5.7),^{t}BuOK などの塩基で処理することで容易に R–C$_{60}^-$ が生じる.次いでハロゲン化アルキルなどを作用すると,C$_{60}$R$_2$ が生成する.リチウム試薬と比較して,グリニャール試薬を用いると C$_{60}$R$_2$ の収率は低くなる.ただし,グリニャール試薬を用いた場合であっても DMF や DMSO を添加すると C$_{60}$R$_2$ の収率が向上する [16].

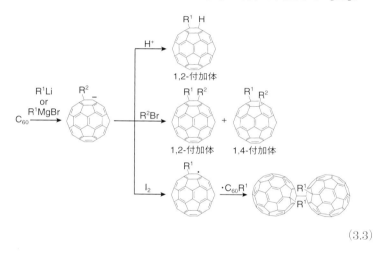

(3.3)

C$_{60}$ に PhMgBr と CuBr·Me$_2$S 錯体から調製した過剰量の有機銅試薬を反応させると,5 個のアルキル基と 1 個の水素原子が付加した付加体が高収率で得られる(式(3.4))[17].フラーレンに結合した水素原子は塩基(:B$^-$)を作用させると脱離し,炭素ケージ上にシクロペンタジエニル構造が形成する.この反応は,フラーレン液晶やベシクルの合成に応用されている(第 4 章参照).

(3.4)

類似の多重付加体の例として,中性のフルオレン二当量とフルオレニドイオン三当量を用いた反応なども報告されている(式(3.5))[18].この反応で得られる付加体は炭素ケージ表面にフルベン構造をもち,求核剤に対して一般的なフルベンと同様の反応性を示す.

(3.5)

典型的な炭素求核剤として知られるシアン化ナトリウムの反応も報告されており,生成するカルボアニオンに種々の求電子試薬を作用させることにより,1,2-付加体が生成する(式(3.6))[19].この誘導体では,フラーレン骨格に導入されたシアノ基の効果による還

元電位の低下が観察される.

$$C_{60} \xrightarrow{NaCN} [\text{NC-C}_{60}^-] \xrightarrow{R-Y} \text{NC-C}_{60}\text{-R}$$

R–Y: CF$_3$CO$_2$H   R: –H
MeSO$_3$Me   –Me
Me–C$_6$H$_4$–SO$_2$CN   –CN
Br–CH$_2$–C$_6$H$_4$–^{t}Bu   –CH$_2$–C$_6$H$_4$–^{t}Bu

(3.6)

ブロモマロン酸を用いた塩基性条件下での求核付加反応はBingel–Hirsch反応として知られる(式(3.7))[20, 21]. この反応は, エステル部位に様々な置換基を導入することができるので, 機能性フラーレンを合成するために広く利用されている. また, 得られる誘導体は加水分解によりカルボン酸アニオンに変換することで水溶性をもたせることができるので, 水溶性フラーレン誘導体の合成にも有用である. I$_2$やCBr$_4$共存下, DBUやNaHを用いてマロン酸エステルと反応させた場合にも, 同様の誘導体が得られる.

(3.7)

3.4.2 環化付加反応
(1) [2+1] 環化付加反応

C_{60} は炭素の二価活性種であるカルベンを捕捉し,メタノフラーレンを生成する.トリクロロ酢酸ナトリウムや Seyferth 試薬として知られる(トリブロモメチル)フェニル水銀と C_{60} の反応では,ジクロロカルベンやジブロモカルベンの発生を経て,メタノフラーレンが得られる(式(3.8),式(3.9))[22].

$$CCl_3COONa \longrightarrow :CCl_2 \xrightarrow{C_{60}} \quad (3.8)$$

$$PhHgCBr_3 \longrightarrow :CBr_2 \xrightarrow{C_{60}} \quad (3.9)$$

ジアジリンの光分解や熱分解では,ジアゾ化合物とカルベンが中間体として生じる.このうちジアゾ化合物は後で述べるように C_{60} との [3+2] 付加反応を経由してフレロイドを生成するのに対して,カルベンは C_{60} との反応によりメタノフラーレンを生成する.このようにジアゾ化合物とカルベンで C_{60} との反応生成物が異なるので,ジアジリンの光分解過程において発生するジアゾ化合物とカルベンの生成比を C_{60} との光反応生成物の収率から見積もることができる(式(3.10))[23].ただし,フラーレン上の架橋炭素の置換基によってはフレロイドとメタノフラーレンの光および熱異性化反応が起こることもあるので注意が必要である.

$$\text{(3.10)}$$

ケイ素の二価活性種であるシリレンと C_{60} との反応も検討されており,カルベンの反応と同様にシリレンが付加した誘導体が得られる(式(3.11))[24].

$$\text{(3.11)}$$

無溶媒のメカノケミカルな固体反応(高速振動粉砕法)によっても,シリレン[25]やゲルミレン[26]が付加した構造の C_{60} 誘導体も合成されている(式(3.12)).

$$\text{(3.12)}$$

隣接位窒素により安定化された N-ヘテロ環状カルベン（N-heterocyclic carbene：NHC）との反応では，C_{60} はルイス酸として振る舞い，環化付加体ではなく双性イオンを与える（式(3.13)）[27]．

$$\tag{3.13}$$

(2) [2+2]環化付加反応

C_{60} は，o-アミノ安息香酸と亜硝酸アミルの反応により生成するベンザインと反応し，[2+2]環化付加体を生じる（式(3.14)）[28, 29]．

$$\tag{3.14}$$

また，電子豊富なアルケンとの反応では，熱反応により環化付加反応が進行する．この付加体は光安定性に乏しく，励起三重項状態を経る脱離反応が進行し，C_{60} と炭酸エステルを与える（式(3.15)）[30]．

$$\text{C}_{60} + \underset{RO}{\overset{RO}{\diagup}}=\underset{OR}{\overset{OR}{\diagdown}} \xrightarrow{\text{heat}} [\text{C}_{60}\text{付加体}] \xrightarrow{h\nu, \text{O}_2} [\text{エポキシド}] + 2\ RO\overset{O}{\underset{}{\diagdown}}OR$$

(3.15)

　固相反応で [2+2] 環化付加反応が進行することも報告されている．C_{60} は溶解性が低いために，溶媒を必要としない固相反応は魅力的な反応である．C_{60} に触媒として少量の KCN，K_2CO_3，アルカリ金属，または 4-アミノピリジンを加え高速ボールミルで振動粉砕すると，電子移動過程を経て 2 個の C_{60} が [2+2] 付加し，ダンベル型構造をもつフラーレン二量体 C_{120} が得られる（式(3.16)）[31]．

$$\text{C}_{60} + \text{C}_{60} \xrightarrow[\text{高速振動粉砕}]{\text{触媒}} \text{C}_{120}$$

触媒：KCN, アルカリ金属，4-アミノピリジンなど

(3.16)

(3) [3+2] 環化付加反応

　C_{60} とアゾメチンイリドの 1,3-双極子環化付加反応では，炭素ケージにピロリジン骨格が導入されたフレロピロリジンが得られる（式(3.17)）[32]．Prato 反応と呼ばれるこの反応では，アゾメチンイリド前駆体の選択により容易に様々な置換基を導入することができる．そのため，Bingel-Hirsch 反応と並んで，機能性フラーレン

誘導体の合成法として広く利用される反応である．アゾメチンイリドの前駆体として，オキサゾリジノン（式(3.18)）やアジリジン（式(3.19)）なども有効である．アゾメチンイリドに限らず，窒素や酸素を含む種々の1,3-双極子化合物との環化付加反応も報告されている［33, 34］．

(3.17)

(3.18)

(3.19)

C_{60} とジアゾ化合物［35, 36］やアジド化合物［37］との1,3-双極子環化付加反応では，メタノフラーレンとフレロイドもしくはアザメタノフラーレンとアザフレロイドが得られる．この付加反応では，反応条件や反応に用いるジアゾ化合物やアジド化合物の置換基によって生成物が異なる．いずれの反応でも，はじめに C_{60} との［3+2］環化付加反応によってピラゾリン縮合体もしくはトリアゾ

リン縮合体が生成し，脱窒素を経て生成物となる反応機構が提案されている（式(3.20)，式(3.21)）．ジアゾメタンを用いた反応ではピラゾリン中間体を単離することができる．ピラゾリンの熱分解では$C_{60}(CH_2)$フレロイドのみが得られる．ピラゾリンの光分解では$C_{60}(CH_2)$フレロイドに加えて$C_{60}(CH_2)$メタノフラーレンが得られる．$C_{60}(CH_2)$フレロイドは熱力学的支配の生成物，$C_{60}(CH_2)$メタノフラーレンは速度論的支配の生成物である．一方，ジフェニルジアゾメタンとC_{60}の反応ではピラゾリンは単離されず，直接$C_{60}(CPh_2)$フレロイドが得られる．$C_{60}(CPh_2)$フレロイドは熱反応や光反応によって$C_{60}(CPh_2)$メタノフラーレンに異性化する [36]．$C_{60}(CH_2)$とは異なり，$C_{60}(CPh_2)$フレロイドは速度論的生成物，$C_{60}(CPh_2)$メタノフラーレンは熱力学的生成物である．一方で，ジフェニルジアゾメタンとC_{60}の光反応については，カルベンを経由する反応機構も提案されている．これらのフレロイドとメタノフラーレンの相対的な安定性の違いは理論計算によって考察されており，C_{60}上の架橋炭素原子の置換基が水素原子からアルキル基やアリール基に変わることによってメタノフラーレンの熱力学安定性が向上するためと考えられる．

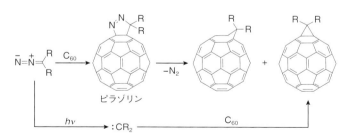

(3.20)

$$ \text{(3.21)} $$

ジアゾアルカンの前駆体として知られるトシルヒドラゾンを用いた反応も報告されている．この反応では，フレロイドの生成を経て，熱転位によりメタノフラーレンを与える（式(3.22)）[38]．この反応は，太陽電池の光活性層のn型半導体として注目されているフェニルC_{61}酪酸メチルエステル（phenyl–C_{61}–butyric acid methyl ester；[60]PCBM）の合成にも利用されている（第4章4.6.2節参照）[39]．

$$ \text{(3.22)} $$

アザフレロイドからの骨格変換反応は広く研究されており，窒素

上に導入された置換基によってその反応性は異なる.アザフレロイドにm-クロロ安息香酸(m-CPBA)などの過酸化物を作用させると付加基の脱離反応が進行し,C_{60}が生成する(式(3.23))[40].

$$(3.23)$$

アザフレロイドの光酸化反応では,ケージ骨格に大きく穴が開いたケトラクタム構造の誘導体が生成する(第2章2.7節参照).さらにp-トルエンスルホン酸(p-TsOH)を作用させるとフラーレン骨格に窒素原子が導入されたアザフラーレン$C_{59}N$の二量体が生じる[41].一方,アザフレロイドにトリフルオロメタンスルホン酸(TfOH)を作用させると,段階的に芳香族炭化水素基が導入される(式(3.24)).

$$(3.24)$$

窒素原子上の置換基がベンジル基やフェニル基の場合には,フェニル基の環化付加反応や共存させた芳香族炭化水素の多段階の付加反応が進行する(式(3.25),式(3.26))[40].

$$\text{(3.25)}$$

$$\text{(3.26)}$$

(4) [4+2] 環化付加反応

C_{60} は，[4+2] 環化付加反応ではジエノフィルとして働き，シクロペンタジエンやアントラセンとの付加反応が可逆的に進行する（式(3.27)，式(3.28)）[42]．

$$\text{(3.27)}$$

$$\text{(3.28)}$$

一方，オルトキノジメタンをジエンとして用いると付加基が芳香属性を獲得して付加体の熱力学的安定性が向上するので，逆反応が抑制されて安定な誘導体を得ることができる（式(3.29)）[43-47]．

(3.29)

2,3-ジメチルブタジエンを用いた反応では，対称性の高い六付加体が26%の高収率で得られている[48]．可逆的に進行する[4+2]環化付加反応を利用して，位置選択的な C_{60} 多付加体の合成や金属内包フラーレンの分離も行われている．9,10-ジメチルアントラセンを共存させてBingel-Hirsch反応を行うと，T_h 対称の六付加体を収率50%程度で得ることができる（式(3.30)）[49]．また，シクロペンタジエン誘導体を担持した固定相に空フラーレンを含む金属内包フラーレンの抽出液を通じると空フラーレンよりも化学反応性に乏しい金属内包フラーレンが先に留出するので，これらを簡便に分離できる[50-52]．

(3.30)

3.4.3 還元反応

C_{60} の水素化反応には,Birch 還元 [53],ヒドロホウ素化 [54, 55],金属触媒 [56,57] による還元が試みられており,$C_{60}H_n$ ($n=$ 2, 4, 6, 18, 36) などの多重の水素付加体が合成されている.反応条件によって水素の付加数の制御も可能で,ジボランや亜鉛と銅の合金を用いた反応では $C_{60}H_2$,$C_{60}H_4$,$C_{60}H_6$ を選択的に合成することができる [57].4個の水素の付加では3種類の付加体 (1,2,3,4-$C_{60}H_4$, 1,2,18,36-$C_{60}H_4$, 1,2,33,50-$C_{60}H_4$) が生成し,段階的かつ選択的に [6,6]-結合への 1,2-付加が進行する.

C_{60} は三重縮退した低い LUMO 準位をもつので,化学還元や電解還元によって容易に $C_{60}{}^{2-}$ を得ることができる.$C_{60}{}^{2-}$ とハロゲン化アルキルとの反応は,アルキル化フラーレンを合成する方法として有用である [58].RBr との反応では,$C_{60}{}^{2-}$ から RBr への電子移動が起こり,生じた $C_{60}{}^{\cdot-}$ と R ラジカルのカップリング反応によって R-$C_{60}{}^-$ が生成する (式(3.31)).続く R-$C_{60}{}^-$ のアルキル化は求核置換反応により進行する [59].このように,2つのアルキル基はそれぞれ電子移動を経るラジカル付加反応と求核置換反応と異なる反応機構により導入される.これは,$C_{60}{}^{2-}$ では負電荷が非局在化しているのに対して,R-$C_{60}{}^-$ では負電荷は付加位置近傍に局在化していることに加えて電子供与性が低下していることによる.$C_{60}{}^{2-}$ に対してジハロゲン化アルキルを作用させると,環化付加体が生成する.

$$C_{60}{}^{2-} + \text{R-Br} \xrightarrow{\text{電子移動}} C_{60}{}^{\cdot-} + \cdot\text{R} + \text{Br}^- \longrightarrow \text{R-}C_{60}{}^- + \text{Br}^-$$

$$\text{R-}C_{60}{}^- + \text{R-Br} \xrightarrow{\text{求核置換反応}} C_{60}(R)_2 + \text{Br}^-$$

(3.31)

3.4.4 酸化反応

C_{60} は酸化されやすく,アーク放電後のフラーレン混合物中にも $C_{60}O$ が検出される.フラーレン誘導体の酸化物を用いた検証実験により,太陽電池特性の劣化に酸化反応の関与が示唆されている [60]. $C_{60}O$ は親電子的酸化 [61],m-CPBA による酸化 [62],ラジカル酸化 [63],電解酸化 [64],光酸化 [65],オゾン酸化 [66],ジオキシランを用いた酸化 [67],酸化酵素系モデルを用いた酸化 [68] などにより得ることができる. $C_{60}O$ の酸素原子の脱離にはトリアルキルホスフィンが有効に働く [69]. $C_{60}O$ を出発原料とした $C_{60}(OH)Ar$ や $C_{60}Ar_2$ への高効率の分子変換法も開発されている(式(3.32))[70,71].

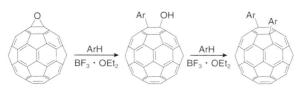

ArH = toluene, anisole, *o*-xylene, *m*-xylene

(3.32)

3.4.5 遷移金属触媒を用いた反応

遷移金属触媒によるオレフィンやアルキンの分子変換反応は,C_{60} の機能化にも応用されている.パラジウム触媒を用いた C_{60} とアリールホウ素試薬の反応では,芳香族炭化水素基の C_{60} への付加が起こる(式(3.33))[72]. 一方,アリルトリブチルスズやアリルクロリドとの反応では,二付加体と四付加体が選択的に得られる [73].

$$C_{60} + R-\text{C}_6\text{H}_4-B(OH)_2 \xrightarrow[\text{1,2-DCB}]{Pd(OAc)_2/L}$$

R = H, Me, Bu, OMe, CF$_3$, Cl, I, NO$_2$, COCH$_3$, L = 2-(PhN=CH)pyridyl

$$C_{60} + \diagup\!\!\!\diagdown Cl + \diagup\!\!\!\diagdown SnBu_3 \xrightarrow[\text{1,2-DCB}]{PdCl_2[P(OPh)_3]_2}$$

$$\xrightarrow[\text{1,2-DCB}]{PdCl_2[P(OPh)_3]_2}$$

(3.33)

Pd 触媒と Cu 触媒による 2-アリール安息香酸 [74] や N-(2-アリールエチル)スルホンアミド [75] の C–H 結合の活性化による付加反応や,塩化鉄を用いたジオールの付加反応 [76] も開発されている(式(3.34)–式(3.36)).

$$C_{60} + \text{2-biphenyl-CO}_2H \xrightarrow[\text{PivOH}]{\substack{Pd(OAc)_2 \\ Cu(OAc)_2 \\ K_2CO_3}}$$ (3.34)

$$C_{60} + \text{PhCH}_2\text{CH}_2\text{NHTs} \xrightarrow[\text{TFA}]{\substack{Pd(OAc)_2 \\ Cu(OAc)_2}}$$ (3.35)

$$C_{60} + HOCH_2CH_2OH \xrightarrow[\text{oxidant}]{FeCl_2} \text{(fullerene dioxolane)} \quad (3.36)$$

3.4.6 ラジカル反応

C_{60} はラジカル捕捉能が非常に高いことから,ラジカルスポンジとも呼ばれる [77]. 11 個の Ph ラジカルが付加した $C_{60}(Ph)_{11}$ や 34 個の Me ラジカルが付加した $C_{60}(Me)_{34}$ などの生成が質量分析から明らかにされている [78]. 反応に用いる試薬量の制御により 2 個のラジカルが付加した生成物を収率よく得ることもできる. また,酸素 [79],ケイ素 [13, 80, 81],リン [82],ゲルマニウム [83],硫黄 [79, 83] や金属を中心にもつラジカル [84] との付加反応も開発されている.

コバルト触媒を用いた臭化ベンジル誘導体,臭化プロパルギル,臭化アリルとの反応では,1,2-位にアリール基もしくはアルキル基と水素原子が付加した付加体が得られる (式 (3.37)) [85]. 同反応条件下でジブロモアルカンなど二臭化物との反応を行うと環化付加体が生成する [86]. これらについて,添加剤として用いたマンガンで還元されて活性化したコバルト触媒が,臭化物との電子移動によりラジカル種を生成する反応機構が提案されている (式 (3.38)).

116　第3章　フラーレンの化学反応性と分子変換法

$$C_{60} + R\text{-}\bigcirc\text{-}CH_2Br \xrightarrow[\text{1,2-DCB}]{\substack{CoCl_2dppe \\ Mn, H_2O}} \text{Ar-H-C}_{60}$$

$$C_{60} + R\text{-}Br \xrightarrow[\text{1,2-DCB}]{\substack{CoCl_2dppe \\ Mn, H_2O}} \text{R-H-C}_{60}$$

R = -CH$_2$CO$_2$Et,　-CH$_2$-C≡CH,
-CH$_2$-C≡CCH$_3$,　-CH$_2$CHCH$_3$

$$C_{60} + Br\text{-}(CH_2)_n\text{-}Br \xrightarrow[\text{1,2-DCB}]{\substack{CoCl_2dppe \\ Mn, H_2O}}$$

$n = 1\text{--}3$

(3.37)

$$\begin{array}{c}
CoCl_2L_n(II) \\
\downarrow Mn \\
\;\;\;\;\;\; \rightarrow Mn^{2+} \\
HC_{60}\text{-}CH_2Ph \;\; CoL_n(0 \text{ or } I) \;\; PhCH_2Br \\
Mn, H_2O \\
^-C_{60}\text{-}CHPh \\
+ \\
CoBrL_n(II \text{ or } III) \;\; CoBrL_n(I \text{ or } II) \;\; PhCH_2\cdot \\
\;\;\;\;\;\; C_{60} \\
\cdot C_{60}\text{-}CH_2Ph
\end{array}$$

(3.38)

3.4.7 光反応

C_{60} は可視光領域に広がる吸収帯をもち，励起三重項状態 ($^3C_{60}{}^*$) への量子収率がほぼ 1 でその寿命は 40 μs と長い．$^3C_{60}{}^*$ への励起エネルギーは 1.56 eV と見積もられている．$^3C_{60}{}^*$ は C_{60} よりも電子受容性が高いので，電子供与性分子を共存させて光照射を行うと光誘起電子移動反応が進行する [87]．これまでに，種々のアミンとの光誘起電子移動反応が検討され，$^3C_{60}{}^*$ と $C_{60}{}^{・-}$ の特徴的な特性吸収が過渡吸収測定を用いた光誘起電子移動過程を解析するためのプローブとなること，Rehn–Weller 方程式（式(3.39)）より見積もった電子移動の自由エネルギー変化と電子移動速度定数によい相関があることが明らかにされている [88]．

$$\varDelta G = [E(\mathrm{D^{・+}/D}) - E(\mathrm{A/A^{・-}})] - \varDelta E_{0,0} - E_\mathrm{solv} \tag{3.39}$$

$E(\mathrm{D^{・+}/D})$：電子供与体の酸化電位
$E(\mathrm{A/A^{・-}})$：電子受容体の還元電位
$\varDelta E_{0,0}$：励起エネルギー
E_solv：溶媒のクーロン相互作用

上記のように光励起により C_{60} の電子受容能が向上することを利用して，光誘起電子移動を経由する分子変換法が構築されている．C_{60} と第三級アミン（NMe_2R）との光反応では，NMe_2R から $^3C_{60}{}^*$ への電子移動による $C_{60}{}^{・-}$ と $NMe_2R^{・+}$ の生成を経て，1,2-付加体を与える（式(3.40)）[89]．この 1,2-付加体をさらに光照射すると，付加基の環化付加反応に伴い，フレロピロリジンと $C_{60}H_2$ が得られる．一方，第二級アミン（HNR^1R^2）との酸素雰囲気下での光反応では，エポキシド構造を 1 つ含む付加体が得られるとの報告がある [90]．

$$C_{60} \xrightarrow{h\nu} {}^3C_{60}{}^* \xrightarrow{NHMe_2R} C_{60}{}^{\cdot -} + {}^{\cdot +}\!NMe_2R \longrightarrow [\text{H, CH}_2\text{NMeR fullerene}] \xrightarrow{h\nu, C_{60}} [\text{N-R fullerene}] + C_{60}H_2$$

$$C_{60} + HNR^1R^2 \xrightarrow{h\nu, O_2} [\text{tetraamino fullerene with } {}^1R^2RN, NR^1R^2, {}^1R^2RN, NR^1R^2]$$

(3.40)

ケテンシリルアセタールとの光反応では，${}^3C_{60}{}^*$ との光誘起電子移動により $C_{60}{}^{\cdot -}$ とケテンシリルアセタールのラジカルカチオンが生じ，C_{60} へのラジカル付加，次いでプロトン化を経て誘導体が生成する（式(3.41)）[91]．ケテンシリルアセタールの酸化電位が大きくなると反応が進行しなくなるが，これはケテンシリルアセタールから ${}^3C_{60}{}^*$ への光誘起電子移動反応が起こらなくなるためである．

$$C_{60} + R\underset{R}{\overset{OSiMe_3}{=}}\!\!OR \xrightarrow{h\nu} {}^3C_{60}{}^* + R\underset{R}{\overset{OSiMe_3}{=}}\!\!OR \longrightarrow C_{60}{}^{\cdot -} + R\underset{R}{\overset{\overset{+}{O}SiMe_3}{\cdot}}\!\!OR$$

(3.41)

1,4-ジヒドロキシニコチンアミドとの光反応では，4位の置換基が水素の場合にはこれが光還元剤として働き，$C_{60}{}^{\cdot -}$ を発生させる．一方，4位の置換基が第三級アルキルの場合には光誘起電子移動を経て $C_{60}{}^{\cdot -}$，アルキルラジカル，ニコチンアミドのカチオンが生じ，$C_{60}{}^{\cdot -}$ とアルキルラジカルのカップリングによりアルキル化 $C_{60}{}^-$ が

得られる.前述のように,R–C$_{60}^-$ は C$_{60}$ の二付加体を得るための有効な中間体である [92]. N-メチル-9,10-ジヒドロアクリジンとの光反応では,光誘起電子移動を経た段階的な反応により C$_{60}$H$_2$ が得られる [93].

ケイ素–ケイ素の σ 結合は電子供与性が高いので,特徴的な C$_{60}$ との光反応性を示す.ジシランやトリシランの光分解により生じたシリルラジカルやシリレンは,C$_{60}$ の分子変換に用いられている.これに対し,歪み構造に由来する高い電子供与性の環状ケイ素化合物は,C$_{60}$ との光誘起電子移動反応が進行する [94].トルエン中でのジシラシクロプロパン(ジシリラン)との光反応では C$_{60}$ 付加体が得られるが [95],ベンゾニトリルやカルボニル化合物共存下においては,光誘起電子移動反応により生成したジシリランのラジカルカチオン種に対するニトリル基やカルボニル基の求核付加反応が進行する(式(3.42))[96,97].このことは,C$_{60}$ が電子受容性の増感剤として活用できることを示している.また,ジシリランの C$_{60}$ への付加反応では,ジシリランの付加により C$_{60}$ の電子受容性が低下することに加えて,付加基の立体障害が働くために一付加体が選択的に得られる.

(3.42)

エノン [78]，ジエン [98]，イナミンの C_{60} への [2+2] 光環化付加反応も報告されている（式(3.43)，式(3.44)）．イナミンの付加体は，さらに水や酸素と反応し，アミドやケトンへと変換される．

$$C_{60} + \text{(2-cyclohexenone)} \xrightarrow{h\nu} \text{(adduct)} \tag{3.43}$$

$$C_{60} + \underset{NEt_2}{\|} \xrightarrow{h\nu} \cdots \tag{3.44}$$

3.5 C_{60} の二付加体の化学

C_{60} には 30 個の [6,6]-結合があるので，1,2-付加反応が 2 カ所で進行すると付加位置の違う 8 種類の異性体が生成する可能性が

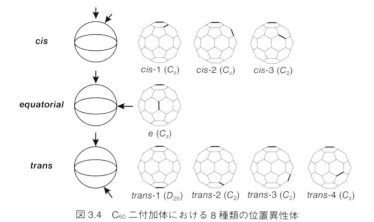

図 3.4 C_{60} 二付加体における 8 種類の位置異性体

ある（図 3.4）[99]．これらの異性体の生成比を表 3.2 に示す（式 (3.45)–(3.49)）[99–103]．

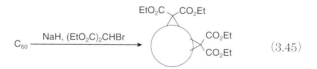

$$C_{60} \xrightarrow{\text{NaH, (EtO}_2\text{C)}_2\text{CHBr}} \quad (3.45)$$

$$C_{60} \xrightarrow{\substack{\text{CH}_3\text{NHCH}_2\text{CO}_2\text{H} \\ \text{CH}_2\text{O}}} \quad (3.46)$$

$$C_{60} + \underset{\text{Br}}{\text{(o-xylylene dibromide)}} \xrightarrow{\text{18-crown-6, KI}} \text{(adduct)} \quad (3.47)$$

$$C_{60} + \underset{\text{MeO}}{\overset{\text{MeO}}{\text{(aryl amine)}}}\text{NH}_2,\text{CO}_2\text{H} \xrightarrow{\text{isoamyl nitrite}} \text{(adduct)} \quad (3.48)$$

$$C_{60} \xrightarrow{N_3CO_2Et} \text{(bis-aziridine adduct with N-CO}_2\text{Et)} \quad (3.49)$$

付加位置の選択性は反応の種類によって異なる.一般的にはエクアトリアル (e) 位への付加が起こりやすい傾向にある(表3.2).

cis-1体は付加基が嵩高くないときには比較的収率よく得られるが,嵩高くなるにつれて付加基同士の立体反発が増大するために得られにくくなる.

位置選択的に二付加体を得るためには,反応活性種を狙った位置に物理的に近づけるのが有効である.Diederich らは,フラーレン誘導体の付加基の末端にブタジエンを導入して分子内 [4+2] 環化付加反応させることにより,e 位への高選択的な付加反応を行った(式(3.50))[104].

表 3.2 種々の反応における二付加体の生成比（%）

	cis-1	cis-2	cis-3	e	trans-1	trans-2	trans-3	trans-4
Bingel–Hirsch 反応（式 3.45）	0	2	6	38	2	13	30	9
Prato 反応（式 3.46）	0	0	25	18	7	20	6	24
[4+2] 環化付加反応（式 3.47）	0	8	1	27	4	16	29	15
ベンザイン付加反応（式 3.48）	20	14	3	25	1	12	15	10
アジド付加反応（式 3.49）	21	2	12	27	3	13	12	11

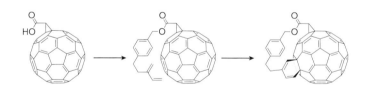

(3.50)

　反応点を 2 カ所にもつ反応試薬を用いた付加位置の制御も試みられている．[4+2] 環化付加反応の例では，2 つの反応点をつなぐ鎖の長さや種類，本数によって，高い付加位置選択性が発現することが明らかにされている（式(3.51)，式(3.52)）．付加反応後に「鎖」の部分を除去し，他の官能基に変換したりすることもできる [105-107]．位置選択的に二付加体を得るこのような方法は，

tether-directed remote functionalization と呼ばれる．

(3.51)

(3.52)

3.6　C_{70} の構造と付加位置選択性

C_{60} に比べ，C_{70} は対称性が低下しているために，付加反応により生じる付加体の異性体の数が多くなる．したがって，C_{70} に代表される高次フラーレンの分子変換では，位置選択性の高い反応の開発が必要となる．

2.1.4 節②で述べたように，C_{70} には 5 種類の非等価炭素（a, b, c, d, e）がある．角度歪みの観点からみると，a, b, c, d, e の POAV 値はそれぞれ 11.96°，11.96°，11.46°，10.06°，8.78°なので，この順に反応性が低下する．また，LUMO の分布の大きい a, b, c は求核試薬に対して高い化学反応性を示す．一方，結合に着目すると，C_{70} には 5 種類の [6,6]-結合（a-a, a-b, c-c, d-e, e-e）と 3 種類の [5,6]-結合（b-c, c-d, d-d）がある．a-b 結合（1.38 Å）と c-c 結合（1.37 Å）は二重結合性が高いので，高い反応性を示す．これに対し，単結合性の a-a 結合，b-c 結合，c-d 結合，e-e 結合は相対的に反応性が低い．これらのことは表 3.3 に示す実験結果とよく一致し，a-b 結合と c-c 結合への反応が高選択的に起こる [20, 108-111]．

表 3.3　C_{70} の種々の化学反応における付加位置の選択性

	a-b	c-c	d-e	d-d
Bingel-Hirsch 反応	100			
Prato 反応	100			
[4+2] 環化付加反応	major			
ベンザイン付加反応	42	35	10	13
シリレン付加反応	67	33		

3.7 金属内包フラーレンの分子変換

第2章で述べたように,金属内包フラーレンは,内包金属からフラーレンへ電子移動が起こるので,空フラーレンとは異なる化学反応性を示す.ここでは,生成量と単離量が多いことから系統的に化学修飾の研究がされている La@C_{2v}(9)-C$_{82}$ と La$_2$@I_h(7)-C$_{80}$ の分子変換を代表例として紹介する.

3.7.1 La@C_{2v}(9)-C$_{82}$ の化学修飾

金属内包フラーレンの化学修飾として最初に報告されたのは,La@C_{2v}(9)-C$_{82}$ とジシランの反応である.この反応の特徴は,光反応ばかりでなく熱反応(80℃)が進行することが見出されていることである[112].これとは対照的に C$_{60}$ ではこの熱反応は進行しない[95,113].C$_{60}$ とジシランの光反応では電子移動を経由する機構が提唱されているので,La@C_{2v}(9)-C$_{82}$ で起こる熱反応はLa@C_{2v}(9)-C$_{82}$ の大きい電子受容力に由来すると考えられる.興味深いことに,La@C_{2v}(9)-C$_{82}$ を一電子酸化すると,室温でもジシランとの熱反応が進行する.一方,La@C_{2v}(9)-C$_{82}$ を一電子還元すると,光反応であってもジシランとの付加反応は起こらない[114].ジシランと様々な金属内包フラーレンの反応がこれまでに検討されており,金属内包フラーレンの酸化還元電位と熱反応性には相関関係があることが報告されている[115,116].

La@C_{2v}(9)-C$_{82}$ には,24個の非等価炭素と,多数の非等価な結合(19個の[6,6]-結合と16個の[5,6]-結合)があり,付加反応は位置選択的に起こりにくいようにも思われる.しかし,これまでに位置選択的な付加反応がいくつか報告されている[117].例えば,アダマンタンジアジリンとの光反応では,発生するアダマンチリデ

ン(カルベン)が La@C_{2v}(9)-C_{82} の大きな負の電荷密度と角度歪み(大きな POAV 値)をもつ炭素に求電子的に選択付加して 2 種類の付加体のみが 4:1 の比率で得られる(式(3.53))[118, 119].

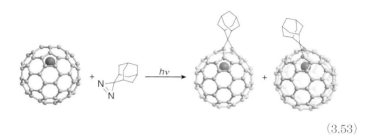

(3.53)

一方,La@C_{2v}(9)-C_{82} に塩基性条件下で臭化マロン酸ジエチルエステルを反応させると,数種類の付加体が得られる.主生成物として得られる付加体は,La@C_{2v}(9)-C_{82} の求電子性の最も高い炭素への付加である(式(3.54))[120].

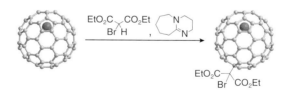

(3.54)

La@C_{2v}(9)-C_{82} はシクロペンタジエンよりもペンタメチルシクロペンタジエンに高い反応性を示す(式(3.55))[121, 122].これは,HOMO 準位はペンタメチルシクロペンタジエンの方が高いので,La@C_{2v}-C_{82} の LUMO とより強く相互作用するからである.理論計算では,ジエンの環化付加反応は協奏的に進行することが示されて

いる.

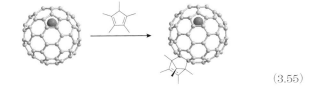

(3.55)

La@C_{2v}(9)-C_{82}とα,α-2,4-テトラクロロトルエンとの光反応では，塩素原子の脱離により生じたラジカルが付加した4種類の位置異性体の混合物が得られる（式(3.56)）[123]．この付加体の1つについてのX線結晶構造解析では，La@C_{2v}-C_{82}の最もスピン密度が高い炭素に付加が起っていることが明らかにされている．これは，付加反応がラジカル機構により進行することを支持すると同時に，スピン密度が付加位置選択性の因子であることを示している．ここで一付加体が安定な付加体として得られたのは，有機ラジカルの付加反応により，開殻構造のLa@C_{2v}(9)-C_{82}から，安定な閉殻構造の付加体へと変換されたためと考えられる．付加体をTEMPO存在下80℃で熱処理すると逆反応が進行し，La@C_{2v}(9)-C_{82}が定量的に回収される [124]．

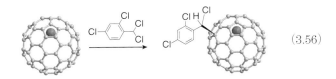

(3.56)

以上の求電子試薬，求核試薬，ジエン，有機ラジカルとの反応例で示されるように，La@C_{2v}(9)-C_{82}も位置選択的に分子変換できることが見出されている．La@C_{2v}(9)-C_{82}の化学反応性や付加位置の

定性的予測の尺度としては，角度歪み，電子密度，スピン密度，HOMO-LUMO相互作用が重要である．空フラーレンの$C_{2v}(9)$-C_{82}が未だに単離されていないために，La@$C_{2v}(9)$-C_{82}と$C_{2v}(9)$-C_{82}の反応性を実験的に比較することはできていない．しかし，理論計算によるLa@$C_{2v}(9)$-C_{82}と$C_{2v}(9)$-C_{82}の角度歪みと電子密度の比較により，金属原子を内包すると反応性が変化するばかりではなく付加反応が位置選択的になることが示されている．

3.7.2　La$_2$@$I_h(7)$-C_{80}の内包金属の回転制御

第2章で述べたように，La$_2$@$I_h(7)$-C_{80}の+3の電荷をもつ2個のLa原子はC_{80}の内部で3次元的に室温でも自由回転している[125]．これは，I_h対称のC_{80}は真球に近い球状構造をもつので，Laがどのような位置でも同じような安定化を受けるからである．しかし，電子供与性のジシリランなどのケイ素化合物を付加させると，Laの3次元回転を図3.5に示す平面内の2次元回転に制御できることが理論予測された[126]．

この予測は，^{39}La NMR測定とX線結晶構造解析から実証されている[127, 128]．電荷あるいは磁気をもつ金属の平面内での円運動は，平面に垂直な方向に特異な電場や磁場を誘起することを期待されている．また，付加基の種類を変えることにより，2個のLa原子を特定の位置に静止させることもできる[129]．化学修飾によって内包原子の位置や運動様式を変えることができるので，金属内包フラーレンの新しい反応や分子スイッチを開拓できることになる．カルベンの付加反応では，2個のLa原子が式(3.57)に示す位置で静止するが，これはフラーレン骨格のC-C結合が開裂してLa原子同士が静電反発を軽減させる最も離れた位置で安定化したためである．

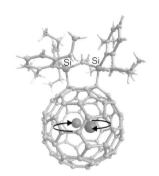

図 3.5　ケイ素化した La$_2$@C$_{80}$ の分子構造
内包された 2 個の La 原子は，ケイ素置換基の付加位置を「北極」としたときの「赤道面」上で回転するようになる．（カラー図は口絵参照）

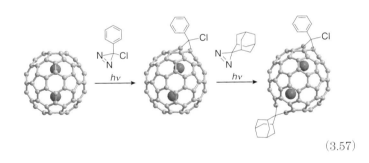

(3.57)

　さらにもう 1 つのカルベンとの反応を行うと，選択的に 1 つめの付加基の反対側で付加反応が進行し，La 原子同士の静電反発をさらに軽減させる [130]．2 つめのカルベンの位置選択性は，内包金属の局在化によって電荷密度が局在化したためと考えられる．このことは，内包金属の位置を制御することで，さらなる化学反応の位置選択性を制御できることを示している．

参考文献

[1] R. C. Haddon: *Science*, **261**, 1545 (1993).
[2] A. Hirsch, et al.: *Angew. Chem. Int. Ed.*, **31**, 766 (1992).
[3] P. J. Fagan, et al.: *J. Am. Chem. Soc.*, **114**, 9697 (1992).
[4] H. Nagashima, et al.: *J. Org. Chem.*, **59**, 1246 (1994).
[5] T. Kusukawa, W. Ando: *J. Organomet. Chem.*, **561**, 109 (1998).
[6] H. Nagashima, et al.: *Tetrahedron*, **52**, 5053 (1996).
[7] Y. Murata, et al.: *Tetrahedron Lett.*, **37**, 7061 (1996).
[8] T. Kusukawa, W. Ando: *Angew. Chem. Int. Ed.*, **35**, 1315 (1996).
[9] H. Nagashima, et al.: *J. Org. Chem.*, **60**, 4966 (1995).
[10] T. Suzuki, et al.: *J. Am. Chem. Soc.*, **116**, 1359 (1994).
[11] M. Zheng, et al.: *J. Organomet. Chem.*, **72**, 2538 (2007).
[12] W. T. Ford, et al.: *J. Org. Chem.*, **65**, 5780 (2000).
[13] T. Akasaka, et al.: *J. Org. Chem.*, **64**, 566 (1999).
[14] L. Fan, et al.: *Fuller. Sci. Technol.*, **6**, 963 (1998).
[15] K. Komatsu, et al.: *J. Org. Chem.*, **59**, 6101 (1994).
[16] Y. Matsuo, et al.: *J. Am. Chem. Soc.*, **130**, 15429 (2008).
[17] M. Sawamura, et al.: *J. Am. Chem. Soc.*, **118**, 12850 (1996).
[18] Y. Murata, et al.: *J. Am. Chem. Soc.*, **119**, 8117 (1997).
[19] M. Keshavarz-K, et al.: *J. Am. Chem. Soc.*, **117**, 11371 (1995).
[20] C. Bingel: *Chem. Ber.*, **126**, 1957 (1993).
[21] A. Hirsch, et al.: *Angew. Chem. Int. Ed.*, **33**, 437 (1994).
[22] M. Tsuda, et al.: *Tetrahedron Lett.*, **34**, 6911 (1993).
[23] T. Akasaka, et al.: *J. Am. Chem. Soc.*, **122**, 7134 (2000).
[24] T. Akasaka, et al.: *J. Am. Chem. Soc.*, **115**, 1605 (1993).
[25] K. Fujiwara, K. Komatsu: *Org. Lett.*, **4**, 1039 (2004).
[26] Y. Murata, et al.: *Tetrahedron Lett.*, **50**, 8199 (2003).
[27] H. Li, et al.: *J. Am. Chem. Soc.*, **133**, 12410 (2011).
[28] S. H. Hokell, et al.: *J. Org. Chem.*, **57**, 5069 (1992).
[29] T. Ishida, et al.: *Chem. Lett.*, 317 (1995).
[30] X. Zhang, et al.: *J. Org. Chem.*, **61**, 5456 (1996).
[31] G. -W. Wang, et al.: *Nature*, **387**, 583 (1997).
[32] M. Maggini, et al.: *J. Am. Chem. Soc.*, **115**, 9798 (1993).
[33] M. S. Meier, M. Poplawska: *J. Org. Chem.*, **58**, 4524 (1993).

[34] S. Muthu, et al.: *Tetrahedron Lett.*, **35**, 1763 (1994).
[35] T. Suzuki, et al.: *J. Am. Chem. Soc.*, **114**, 7301 (1992).
[36] T. Suzuki, et al.: *Science*, **254**, 1186 (1991).
[37] M. Prato, et al.: *J. Am. Chem. Soc.*, **115**, 1148 (1993).
[38] J. C. Hummelen, et al.: *J. Org. Chem.*, **60**, 532 (1995).
[39] G. Yu, et al.: *Science*, **270**, 1789 (1995).
[40] N. Ikuma, et al.: *Org. Biomol. Chem.*, **13**, 5038 (2015).
[41] J. C. Hummelen, et al.: *Science*, **269**, 1554 (1995).
[42] M. Tsuda, et al.: *J. Soc. Chem., Chem. Commun.*, **16**, 1296 (1993).
[43] X. Zhang, C. S. Foote: *J. Org. Chem.*, **59**, 5235 (1994).
[44] P. Belik, et al.: *Adv. Mater.*, **5**, 854 (1993).
[45] M. Prato, et al.: *J. Am. Chem. Soc.*, **115**, 1594 (1993).
[46] P. Belik, et al.: *Angew. Chem. Int. Ed.*, **32**, 78 (1993).
[47] B. Illescas, et al.: *Tetrahedron Lett.*, **36**, 8307 (1995).
[48] B. Kraütker, M. J. Maynollo: *Angew. Chem. Int. Ed.*, **34**, 87 (1995).
[49] I. Lamparth, et al.: *Angew. Chem. Int. Ed.*, **34**, 1607 (1995).
[50] B. Nie, V. M. Rotello: *J. Org. Chem.*, **61**, 1870 (1996).
[51] S. Stevenson, et al.: *J. Am. Chem. Soc.*, **128**, 8829 (2006).
[52] Z. Ge, et al.: *J. Am. Chem. Soc.*, **127**, 16292 (2005).
[53] R. E. Haufler, et al.: *J. Phys. Chem.*, **94**, 8634 (1990).
[54] C. C. Henderson, P. A. Cahhill: *Science*, **259**, 1885 (1993).
[55] C. C. Henderson, et al.: *Angew. Chem. Int. Ed.*, **33**, 786 (1994).
[56] L. Becker, et al.: *J. Org. Chem.*, **58**, 7630 (1993).
[57] R. G. Bergosh, et al.: *J. Org. Chem.*, **62**, 7667 (1997).
[58] C. Caron, et al.: *J. Am. Chem. Soc.*, **115**, 8505 (1993).
[59] S. Fukuzumi, et al.: *J. Am. Chem. Soc.*, **120**, 9220 (1998).
[60] Y. Matsuo, et al.: *Chem. Commun.*, **48**, 3878 (2012).
[61] Y. Maeda, et al.: *Chem. Lett.*, **40**, 1431 (2011).
[62] A. L. Balch, et al.: *J. Am. Chem. Soc.*, **117**, 8926 (1995).
[63] A. G. Camp, et al.: *Fullerene Sci. Technol.*, **5**, 1075 (1997).
[64] W. A. Kalsbeck, H. H. Thorp: *J. Electroanal. Chem.*, **314**, 363 (1991).
[65] K. M. Creegan, et al.: *J. Am. Chem. Soc.*, **114**, 1103 (1992).
[66] D. Heymann, L. P. F. Chibante: *Recl. Trav. Chim. Pays-Bas*, **112**, 639 (1993).
[67] Y. Elemes, et al.: *Angew. Chem. Int. Ed.*, **31**, 351 (1992).
[68] T. Hamano, et al.: *J. Chem. Soc., Chem. Commun.*, 1537 (1995).

[69] M. Hashiguchi, et al.: *Org. Process Res. Dev*., **16**, 643 (2012).
[70] Y. Tajima, et al.: *Org. Lett*., **8**, 3203 (2006).
[71] Y. Shigenutsu, et al.: *Chem. Lett*., **33**, 1604 (2004).
[72] S. Nori, et al.: *Org. Lett*., **10**, 4609 (2008).
[73] M. Nambo, et al.: *J. Am. Chem. Soc*., **131**, 15112 (2009).
[74] D. -B. Zhou, G. -W. Wang: *Org. Lett*., **17**, 1260 (2015).
[75] Y. -T. Su, et al.: *Org. Chem. Front*., **1**, 689 (2014).
[76] W. -Q. Zhai, et al.: *Org. Lett*., **17**, 1862 (2015).
[77] M. D. Tzirakis, M. Orfanopoulos: *Chem. Rev*., **113**, 5262 (2013).
[78] S. R. Wilson, et al.: *J. Am. Chem. Soc*., **115**, 8495 (1993).
[79] M. A. Cremonini, et al.: *J. Org. Chem*., **58**, 4735 (1993).
[80] T. Kusukawa, W. Ando: *J. Organomet. Chem*., **559**, 11 (1998).
[81] T. Kusukawa, et al.: *Organometallics*, **14**, 2142 (1995).
[82] G. -W. Wang, et al.: *J. Org. Chem*., **76**, 6088 (2011).
[83] Y. Takaguchi, et al.: *Chem. Lett*., **32**, 1124 (2003).
[84] S. Zhang, et al.: *J. Am. Chem. Soc*., **115**, 6705 (6705).
[85] S. Lu, et al.: *J. Am. Chem. Soc*., **133**, 12842 (2011).
[86] S. Lu, et al.: *Org. Lett*., **15**, 4030 (2013).
[87] J. W. Arbogast, et al.: *J. Phys. Chem*., **95**, 11 (1991).
[88] J. W. Arbogast, et al.: *J. Am. Chem. Soc*., **114**, 2277 (1994).
[89] K. -F. Liou, C. -H. Cheng: *Chem. Commun*., 1423 (1996).
[90] H. Isobe, et al.: *Org. Lett*., **2**, 3663 (2000).
[91] K. Mikami, et al.: *J. Am. Chem. Soc*., **117**, 11134 (1995).
[92] S. Fukuzumi, et al.: *J. Am. Chem. Soc*., **120**, 8060 (1998).
[93] S. Fukuzumi, et al.: *Chem. Commun*., 291 (1997).
[94] Y. Sasaki, et al.: *J. Organomet. Chem*., **599**, 216 (2000).
[95] T. Akasaka, et al.: *J. Am. Chem. Soc*., **115**, 10366 (1993).
[96] T. Akasaka, et al.: *Org. Lett*., **1**, 1509 (1999).
[97] Y. Maeda, et al.: *J. Organomet. Chem*., **611**, 414 (2000).
[98] G. Vassilikogiannakis, et al.: *J. Am. Chem. Soc*., **120**, 9911 (1998).
[99] A. Hirsch, et al.: *Angew. Chem. Int. Ed*., **33**, 437 (1994).
[100] G. Schick, et al.: *Chem. Eur. J*., **2**, 935 (1996).
[101] Y. Nakamura, et al.: *Tetrahedron*, **56**, 5429 (2000).
[102] Q. Lu, et al.: *J. Org. Chem*., **61**, 4764 (1996).
[103] Y. Nakamura, et al.: *Org. Lett*., **3**, 1193 (2001).

[104] L. Isaacs, et al.: *Angew. Chem. Int. Ed.*, **33**, 2339 (1994).
[105] M. Taki, et al.: *J. Am. Chem. Soc.*, **119**, 926 (1997).
[106] Y. Nakamura, et al.: *Tetrahedron Lett.*, **41**, 2193 (2000).
[107] Y. Nakamura, et al.: *J. Am. Chem. Soc.*, **124**, 4329 (2002).
[108] S. R. Wilson, Q. Lu: *J. Org. Chem.*, **60**, 6496 (1995).
[109] M. F. Meidine, et al.: *J. Chem. Soc., Perkin Trans. 2*, 1189 (1994).
[110] A. D. Darwish, et al.: *J. Chem. Soc., Perkin Trans. 2*, 2079 (1996).
[111] T. Akasaka, et al.: *J. Chem. Soc., Chem. Commun.*, 1529 (1995).
[112] T. Akasaka, et al.: *Nature*, **374**, 600 (1995).
[113] M. Kako, et al.: *Heteroatom Chem.*, **25**, 584 (2014).
[114] Y. Maeda, et al.: *J. Am. Chem. Soc.*, **127**, 2143 (2005).
[115] Y. Iiduka, et al.: *J. Am. Chem. Soc.*, **127**, 9956 (2005).
[116] T. Wakahara, et al.: *Chem. Phys. Lett.*, **398**, 553 (2004).
[117] Y. Maeda, et al.: *Nanoscale*, **3**, 2421 (2011).
[118] Y. Matsunaga, et al.: *ITE Lett. Batter. New Technol. Med.*, **7**, 43 (2006).
[119] Y. Maeda, et al.: *J. Am. Chem. Soc.*, **126**, 6858 (2004).
[120] L. Feng, et al.: *Chem. Eur. J.*, **12**, 5578 (2006).
[121] Y. Maeda, et al. : *J. Am. Chem. Soc.*, **127**, 12190 (2005).
[122] S. Sato, et al.: *J. Am. Chem. Soc.*, **135**, 5582 (2013).
[123] Y. Takano, et al.: *J. Am. Chem. Soc.*, **130**, 16224 (2008).
[124] Y. Takano, et al.: *Chem. Commun.*, **42**, 8035 (2010)
[125] T. Akasaka, et al.: *Angew. Chem. Int. Ed.*, **36**, 1643 (1997).
[126] K. Kobayashi, et al.: *Chem. Phys. Lett.*, **374**, 562 (2003).
[127] M. Yamada, et al.: *J. Am. Chem. Soc.*, **132**, 17953 (2010).
[128] T. Wakahara, et al.: *Chem. Commun.*, 2680 (2007).
[129] M. Yamada, et al.: *J. Am. Chem. Soc.*, **130**, 1171 (2008).
[130] M. O. Ishitsuka, et al.: *J. Am. Chem. Soc.*, **133**, 7128 (2011).

コラム7

不斉触媒によるキラルなフラーレン誘導体の合成

フラーレン科学において,キラルなフラーレン誘導体の合成は大きなチャレンジであった [1].窒素原子上に金属配位させた光学活性アゾメチンイリドと C_{60} フラーレンとの 1, 3-双極子環化付加反応は,初めての不斉触媒を用いたキラルなフラーレン誘導体合成としてブレークスルーをもたらした [2].

炭素のみで構成される炭素ケージは配位能に乏しく,不斉誘起が困難である.この解決には in situ で発生させたキラルな 1, 3-双極子の利用が効果的である.

筆者らの開発した,配位金属に応じたカウンターイオンと不斉配位子を用いる手法により,フレロピロリジンの立体選択的な「アラカルト」合成が可能となった(下図).例えば,$Cu(OAc)_2$/(R)-FeSulPhos を触媒として用いた場合には (2S, 5S)-cis 体を選択的に与え,AgOAc/(R,R)-BPE を用いた場合には対照的に (2R, 5R)-cis 体を与える.trans 異性体についても,市販の (R)-ま

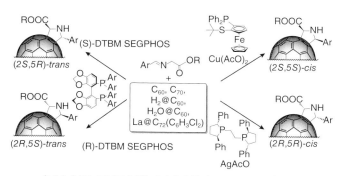

キラルなフレロピロリジンの立体分岐(stereodivergent)合成

たは (S)-DTBM-SEGPHOS と Cu(OTf)$_2$ を組み合わせた触媒によって (2R, 5S)-trans 体および (2S, 5R)-trans 体をそれぞれ得ることができる.

この不斉合成法は, C_{70}, 「分子手術」により合成された $H_2@C_{60}$, $H_2O@C_{60}$, あるいは金属原子を内包した $La@C_{72}(C_6H_3Cl_2)$ に対しても適用可能である. C_{70} や $La@C_{72}$ などの対称性の低いフラーレンでは非等価な反応点が多数存在するため, 付加位置の異なる多くの位置異性体が得られる可能性がある. しかし, 本手法では温和な反応条件のおかげで高い位置選択性と立体選択性が実現される.

本手法の展開として, 様々なルイス酸のキラル錯体を用いることで他の 1,3-双極子にも応用することができる. 一例として, オキサゾロン (ルイス酸性条件下におけるミュンヒノン (münchnone) 前駆体) を用いた C_{60} との環化付加反応では, キラルなピロリノフラーレンを与える.

また, 遷移金属を用いないグリーンケミストリーとして近年注目を集めている有機分子触媒の分野でも, 立体選択的な合成法が開発されるようになっている. キラルな N-ヘテロ環状カルベン (N-heterocyclic carbene ; NHC) を不斉塩基として用いて活性化させたオキサゾロンと C_{60} との反応では, 良好なエナンチオ選択性でキラルなピロリノフラーレンが合成される. さらに, キラルなホスフィンを用いることでアレン酸エステル (allenoate) やアルキン酸エステル (alkynoate) の C_{60} へのエナンチオ選択的な環化付加反応も進行し, 高いエナンチオマー過剰率でシクロペンテン酸エステル (cyclopentenoate) の縮環したフラーレン誘導体が得られる.

[1] E. E. Maroto, et al.: *Acc. Chem. Res.*, **47**, 2660 (2014).
[2] S. Filippone, et al.: *Nat. Chem.*, **1**, 578 (2009).

(マドリード・コンプルテンセ大学　Nazario Martín　高野勇太訳)

コラム 8

金属錯体とフラーレンの相互作用に関する研究展開

一連の金属錯体は,フラーレン表面の [6,6]-結合に金属が η^2 様式で配位し,$(Ph_3P)_2Pt(\eta^2-C_{60})$ や $(Ph_3P)_2IrCl(CO)(\eta^2-C_{60})$ のような付加体(左図)を形成することが知られている [1,2]. このような1つの金属中心がフラーレンに結合した付加体に加え,多数の金属中心がフラーレンに結合した付加体の形成も可能である. 最も高い対称性をもつ $(C_{60})\{Pt(PEt_3)_2\}_6$ では,6個の白金原子が C_{60} に対してオクタヘドラル型に配位している(右図)[3]. しかし,このような多付加体の構造制御はどちらかというと難しく,しばしば数の異なる金属原子が様々な幾何様式で結合した付加体の混合物を与える.

ポリマー状の酸化還元活性な $C_{60}Pd_n$ は,様々な電極表面に電気化学的に沈積させて成膜することができる [4]. このフィルムには,パラジウム中心にフラーレンが η^2 結合で結合した,鎖状の繰り返し構造(…$C_{60}PdC_{60}Pd$…)が含まれていると思われる. このようなフィルムはキャパシタやセンサーとして機能することがわかっている.

以上のような η^2 配位の例だけでなく,金属中心に炭素ケージの個々の炭素

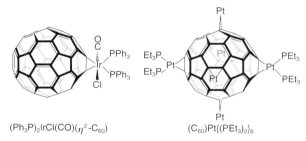

$(Ph_3P)_2IrCl(CO)(\eta^2-C_{60})$ $(C_{60})Pt\{(PEt_3)_2\}_6$

右図中,4つの白金中心に配位した PEt_3 基は見やすさのため省略

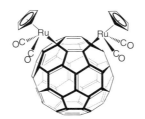

$C_{60}\{\eta^1\text{-Ru(CO)}_2(\eta^5\text{-C}_5H_5)\}_2$

原子がそれぞれ配位した $C_{60}\{\eta^1\text{-Ru(CO)}_2(\eta^5\text{-C}_5H_5)\}_2$ のような付加体も最近合成されている [5].

最近では様々な応用を指向して,フラーレンを使って金属有機構造体(メタルオーガニックフレームワーク)を形成する試みもなされている [6]. このような物質には,金属錯体と配位して1,2あるいは3次元ポリマーを形成するための適切なルイス塩基点をもった,修飾化フラーレンが使われるだろう. フラーレンのもつその大きさや,酸化還元反応,付加反応の起こりやすさは,有用な物理的,化学的性質を備えた物質の構築に貢献すると思われる.

[1] P. J. Fagan, et al.: *Acc. Chem. Res.*, **25**, 134 (1992).
[2] A. L. Balch, M. M. Olmstead: *Chem. Rev.*, **98**, 2123 (2015).
[3] P. J. Fagan, et al.: *J. Am. Chem. Soc.*, **113**, 9408 (1991).
[4] K. Winkler, A. L. Balch: *C. R. Chim.*, **9**, 928 (2006).
[5] F. L. Bowles, et al.: *J. Am. Chem. Soc.*, **136**, 3338 (2014).
[6] P. Peng, et al.: *Chem. Commun.*, **49**, 3209 (2013).

(米国カリフォルニア大学デイビス校　Alan L. Balch　山田道夫訳)

第4章

フラーレンの機能と応用

4.1 固体化学と機能

C_{60} の大量合成が確立されて以降,フラーレンの固体物性にも注目が集まり,様々な研究がこれまでに展開されている.早くも1991年には,C_{60} にカリウムをドーピングして得られる K_3C_{60} の組成をもつ固体の超伝導性(臨界温度:18 K)が報告された(図4.1)[1].また,谷垣らは $RbCs_2C_{60}$ を作成し,33 K で超伝導体になることを発見している [2].なお,2000年から2001年にかけてベル研究所の Schön らによりフラーレンの高温超伝導に関する論文がたて続けに発表され,当時大きな話題を集めたが,後にデータのね

図 4.1 K_3C_{60} の結晶構造
小球はカリウム原子を示す.(カラー図は口絵参照)

つ造が発覚し,論文も取り下げられる結果となった.フラーレン導電体・超伝導体に関する最近の研究動向については,コラム⑨を参照されたい.

C_{60} は,電子供与性のテトラキスジメチルアミノエチレン(tetrakisdimethylaminoethylene;TDAE)と電荷移動錯体を形成し,低温(キュリー温度:16 K)で有機強磁性体になることが報告されている[3].このような特異なフラーレン固体の物性を明らかにするため,様々なフラーライド結晶の作製と,その伝導度や磁化率の測定が行われている.

フラーレンをトルエンなどの良溶媒に飽和させた溶液にアルコール(イソプロピルアルコールなど)を重層して,液–液界面法により固体として析出させると,直径が数百 nm で,長さが数 μm〜数百 μm のフラーレンナノウィスカー(fullerene nanowhisker;FNW)と呼ばれるファイバー状の結晶が得られる[4].液–液界面法の条件を変えることで,FNW の太さや長さなどの形状を制御することができる.C_{60} だけでなく,C_{70},C_{60}/C_{70} 混合系,$C_{60}[C(CO_2Et)_2]$ などの誘導体,$Sc_3N@I_h(7)-C_{80}$ でも FNW を作製することができる.FNW は通常のフラーレン固体と同様に n 型半導体特性をもつので,その形状を利用した電子材料への応用が期待される.FNW にカリウムを添加することで,ファイバー形状を保持しつつ超伝導特性を付与することも報告されている.

長さの短い針状の結晶はナノロッドと呼ばれる.二硫化炭素溶液からゆっくりと溶媒を蒸発させるスローエバポレーション法によって得られる金属内包フラーレン誘導体 $La@C_{2v}(9)-C_{82}(Ad)$(Ad=アダマンチル基)のナノロッドに対して,時間分解マイクロ波伝導度(time-resolved microwave conductivity;TRMC)法を用いたキャリア移動度測定により,c 軸方向には 10 cm^2 V^{-1} s^{-1} 以上という異方

性のある,非常に高い電子移動度が観測されている [5]. ドロップキャストにより調製した薄膜の電子移動度はこれに比べて低いことから,ナノロッド中の La@C_{2v}(9)-C_{82}(Ad) の配向が高い電子移動度に重要であることが示されている.

4.2 ホスト・ゲスト化学

フラーレンの球状構造は,超分子化学にとっても興味深いモチーフである.様々なマクロサイクルやコラニュレンなどの湾曲したπ電子系分子などが,球状構造に合致する「おわん」型のホスト分子として注目されている(コラム⑩参照).フラーレンは球状炭素クラスターであり極性をもたないため,ホスト分子との引力相互作用には主にファンデルワールス力の一種である分散力や疎水性相互作用が重要な働きをする.フラーレンにとっての良溶媒の多くが芳香族系分子であることから示唆されるように,これらの部位を分子構造内に含むマクロサイクルの多くはフラーレンに対して親和性を示す.その代表的な例として,カリックスアレーン [6],アザカリックスピリジン [7],シクロトリベラトリレン(cyclotriveratrylene;CTV)[8],シクロパラフェニレン(cycloparaphenylene;CPP)[9],シクロフェニレンエチニレン [10] などが報告されている.さらに,ポルフィリン [11] や拡張テトラチアフルバレン(extended tetrathiafulvalene;exTTF)[12] など,大きなπ電子系構造を環状二量化することで,フラーレンに対する高い親和性が実現されている.これらの相互作用においてフラーレンのサイズ選択的な取り込みが起こる場合,ホスト・ゲスト相互作用をフラーレン分離に利用することができる.例えば,フラーレン混合物に p-t-ブチルカリックス[8]アレーンを加えると,C_{60} が選択的に包接体

を形成し析出する[7].一方,疎水性の空洞を有するシクロデキストリンは,水中でC_{60}やC_{70}との包接化合物を形成し,水には不溶のフラーレンを水溶化することができる[13].このようなホスト分子を利用したフラーレンの可溶化は,フラーレンの共有結合を介した化学修飾による可溶化と比べ,フラーレンの構造や性質を損ないにくい利点がある.C_{60}とγ-シクロデキストリンの1:2錯体は,光照射により常圧で窒素分子をアンモニアへと変換する窒素固定触媒能をもつとの報告があり,新たな窒素固定法としても期待される[14].

4.3 ピーポッド

カーボンナノチューブはその内部にフラーレンを取り込むことができる.この複合体は,まるでサヤエンドウに見える(pea(エンドウ豆)がフラーレンで,pod(さや)がナノチューブに見立てられる)ことからピーポッド(peapod)と名付けられた.ピーポッドは当初,SWNTの高解像度透過型電子顕微鏡(TEM;transmission electron microscope)観察中に偶然発見された[15].今では,両端を開口処理したSWNTと様々なフラーレンをH型のガラス管内に真空脱気して封じ,500℃程度の高温で加熱することで充填率の高いピーポッドが合成されている[16].フラーレンの内包によってSWNTの電子物性が変化するので,ピーポッドはSWNTの物性制御の観点から興味がもたれている.ピーポッドでは,SWNTの内部空間を鋳型としてフラーレン分子が1次元に整列するので,従来の3次元結晶とは異なる物性や特異な化学反応性の発現も期待できる.例えば,SWNTのピーポッドを加熱処理すると,内部のフラーレンは融合してナノチューブ構造へと変化し,全体として

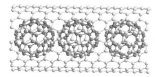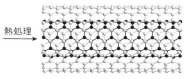

図 4.2 C$_{60}$ ピーポッドの熱処理による DWNT の合成
(カラー図は口絵参照)

DWNT が形成される様子が TEM により観測されている(図 4.2)[17].

金属内包フラーレンを SWNT の内部に取り込んだピーポッドも合成されている.このピーポッドを加熱処理すると,金属内包フラーレンは融合して,DWNT 内部で金属が 1 次元に並んだナノワイヤ構造が形成されることが報告されている [18].Gd@C$_{82}$ を内包したピーポッドを 10^{-6} Torr の減圧下,1300〜1400℃ で半日〜3 日間熱処理すると,カーボンナノチューブの直径に応じて,Gd 原子からなる単原子鎖,単原子鎖がスクエア状に配列した四本鎖,および六方最密充填構造の Gd 原子などがカーボンナノチューブ内に形成している様子が TEM 観察により確認されている [18].

4.4 ソフトマテリアル

ソフトマテリアルとは,高分子,液晶,コロイド,生体膜などの柔らかい物質の総称で,10 nm〜10 μm のメゾスコピック領域の分子集合体で構成されている.これまでにフラーレンを用いた様々なソフトマテリアルが合成されている.

多重付加反応を利用してフラーレンに 5 枚の芳香族基および 10 本のアルキル長鎖を導入したシャトルコック型分子は,head-to-

144　第4章　フラーレンの機能と応用

tail 状に積層していくことでカラム構造を形成する（図 4.3）[19].

この分子は温度をかけて芳香族基にとりつけたアルキル長鎖を溶融させるか，脂肪族炭化水素溶媒を加えて溶解することで，液晶相を発現することが知られている．

フラーレンに親水性の置換基を付加させると，両親媒性の分子を

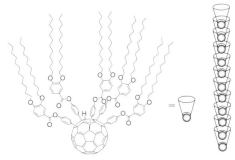

図 4.3　液晶相を発現するシャトルコック型フラーレン分子

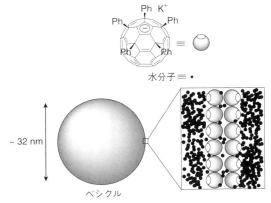

図 4.4　ベシクルを形成する両親媒性フラーレン誘導体とその二重膜構造の模式図

構築することができる．両親媒性フラーレン誘導体の構造に応じて，ミセルやベシクルといった集合体を形成する．なかでも，5個のフェニル（Ph）基を付加させた $C_{60}Ph_5H$ に塩基を作用させて得られる両親媒性の $C_{60}Ph_5K$ は，水溶液中で二重膜からなるベシクルを形成することが知られている（図4.4）[20]．このフラーレン二重膜は，細胞膜の千倍から一万倍も水を通しにくい性質があり，80℃という高温でも壊れることがなく，むしろ強固になってさらに水を通しにくくするなど，従来の脂質二重膜とは大きく異なることから，新規な膜材料への応用が期待される．この特異な膜透過性は，従来の脂質二重膜の水透過がエンタルピー支配であるのに対し，フラーレン二重膜ではフラーレンの強固で疎水性の高い構造に起因して，エントロピー項が水分子の透過における支配的な障壁として働くためと考えられる [21]．フラーレン二重膜ベシクルの表面を化学修飾することで，撥水性などの特性を付与することも可能である [22].

Prato 反応により C_{60} に長鎖アルキル基を導入した誘導体は，室温で溶媒を含まずに液体になることができる（図4.5）[23]．液体の粘性は，アルキル基の長さを変えることによって制御される．こ

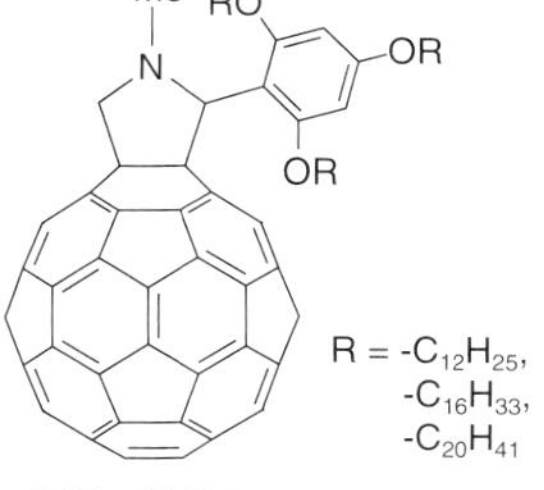

図4.5 室温で液体となるフラーレン誘導体

のフラーレン液体は電気化学的に活性であり,電極上にキャストしたフィルム状態でも第二還元電位まで可逆な過程が観測される.また,20℃でホール移動度が比較的大きな値 ($0.03\ \mathrm{cm}^2\ \mathrm{V}^{-1}\ \mathrm{s}^{-1}$) を示すことが報告されており,二次電池の酸素電極や電気化学キャパシタなどへの応用も期待される.

4.5 発光材料

C_{60} 自体はほぼ無蛍光であるが,多重付加反応を施すと,フラーレン表面の π 電子系が分断されることによって多環芳香族としての性質を帯び,蛍光を示すようになる(図4.6)[24].グリニャール試薬を用いた銅触媒下でのアリール(Ar)基の付加反応では,10個のAr基が付加するが,付加位置の異なる2種類の誘導体($C_{60}Ar_{10}H_2$)が得られる.このうち,図中の太線に示す部分(ジベンゾ縮環コラニュレン部位)に孤立した38 π 電子共役系をもつ誘導体は,蛍光量子収率0.065で463 nmと491 nmに極大をもつ青色蛍光を示す.もう一方の誘導体では,図中の太線に示す部分(シクロフェナセン部位)の40個の π 電子系に起因して562 nmと612 nmに極大をもつ蛍光量子収率0.18の黄色蛍光を示す.この量子収率はこれまで報告されたフラーレン誘導体の中で最も高い値となっている.Ar基の付加反応で添加するピリジンを過剰にすると,$C_{60}Ar_{10}H_2$ ばかりでなく8個のAr基が付加した $C_{60}Ar_8H_2$ が得られる.この $C_{60}Ar_8H_2$ は図中の太線に示す部分(p-フェニレン架橋ジベンゾ縮環コラニュレン部位)に44個の π 電子をもち,652 nmと715 nmに極大をもつ蛍光量子収率0.015の赤色発光を示す.

金属内包フラーレンには,内包金属原子に由来する発光を示すものがある.エルビウム原子を内包した $Er_2@C_{82}$ およびエルビウムカー

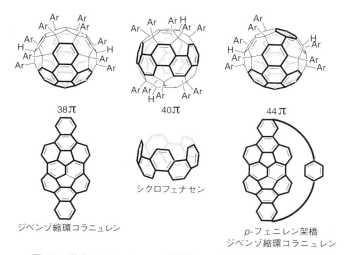

図4.6 蛍光を示すフラーレン誘導体と,対応するπ電子系構造

バイドを内包した$Er_2C_2@C_{82}$には,炭素ケージの違い($C_s(6)$-C_{82}, $C_{2v}(9)$-C_{82}, $C_{3v}(8)$-C_{82})による異性体があり,いずれもC_{82}は内包種から計6個の電子を受け取っている.このうち,$Er_2@C_s(6)$-C_{82}, $Er_2@C_{3v}(8)$-C_{82}, $Er_2C_2@C_s(6)$-C_{82}, $Er_2C_2@C_{3v}(8)$-C_{82}はいずれも室温で1520 nm付近にエルビウム原子由来の発光を示し,なかでも$Er_2C_2@C_s(6)$-C_{82}の発光が最も強い[25].ところが,$Er_2@C_{2v}(9)$-C_{82}と$Er_2C_2@C_{2v}(9)$-C_{82}は発光を示さない.これらの発光ではいずれも,C_{82}^{6-}が光を吸収して励起状態になって,ここからエルビウムの$^4I_{13/2}$(Russel-Sanders表記で,左上の数字がスピン多重度,アルファベットIが軌道角運動量,右下の数字が全量子数を示す)準位へのエネルギー移動が起こり,$^4I_{15/2}$へ戻る際に発光を生じると考えられる.$Er_2C_2@C_s(6)$-C_{82}では,C_{82}^{6-}の最低励起状態がエルビ

ウムの $^4I_{13/2}$ 準位よりもエネルギーが高く,エルビウムへの効率的なエネルギー移動が起こるために高い発光効率を示すのに対して,$Er_2@C_s(6)$-C_{82},$Er_2@C_{3v}(8)$-C_{82},$Er_2C_2@C_{3v}(8)$-C_{82} では,C_{82}^{6-} の最低励起状態とエルビウムの $^4I_{13/2}$ のエネルギー準位が同程度であり,エネルギー移動と最低励起状態の C_{82}^{6-} の基底状態への失活過程が競合するために発光効率が低下すると考えられる.C_{82}^{6-} の最低励起状態が $Er_2@C_{2v}(9)$-C_{82} や $Er_2C_2@C_{2v}(9)$-C_{82} では,エルビウムの $^4I_{13/2}$ 準位より低いために,C_{82}^{6-} の基底状態への失活過程のみとなると考えられる.

4.6 光電変換材料

4.6.1 人工光合成系モデル

π共役系化合物は一般的に電子供与性を示すので,フラーレンは数少ない優れた電子受容体として期待されている.キノンやイミドなどの平面π共役系の電子受容体と比較すると,フラーレンは光電荷分離が速く,逆電子移動が遅いという特徴をもつ.これは,フラーレンの小さな再配列エネルギーに起因すると考えられている(第2章 2.1.10 節参照).

フラーレンと電子供与体を共有結合で連結すると,光照射により分子内電子移動を起こし電荷分離状態を生成することから,人工光合成のモデルとしての研究が進んでいる.天然の光合成の初期過程においては,タンパク質により色素分子が高度に組織化されているので,約1秒という非常に長い寿命をもつ電荷分離状態が生成することが知られている.人工光合成系モデルの電子受容体としては,天然の光合成反応中心がバクテリオクロロフィルであることを模倣し,ポルフィリンやクロリンなどの再配列エネルギーの小さい

色素が用いられることが多い.

一般的に電子移動反応は,エネルギー的に有利であるほど速度定数は大きくなる.これに対して,エネルギー的に有利であるほど速度定数が小さくなるエネルギー領域の存在がマーカス理論により提唱されており,一般的な「正常領域」に対して「逆転領域」と呼ばれる.福住らと今堀らは,フラーレンとポルフィリンを連結した様々な分子を過渡吸収スペクトル測定などから解析し,電荷再結合過程が「マーカスの逆転領域」に入る連結分子が長寿命の電荷分離状態を生成することを実証した.亜鉛クロリンとフラーレンをPrato反応により最短で連結させた二分子連結系では,電荷分離の寿命が温度に大きく依存し,298 Kでは0.23ミリ秒であるが,123 Kでは120秒にも及ぶ(図4.7)[26].また,電子供与体としてフェロセン,光増感剤として亜鉛ポルフィリンとフリーベースポルフィリン,電子受容体としてC_{60}を用いた四分子連結系も設計・合成され,その光電荷分離過程が評価された.この四分子連結系では多段階の電子移動により電荷が50 Åも分離することになる.このことと対応して,193 Kにおいて0.38秒もの長寿命の電荷分離状態を生成することが達成された[27].さらに,フリーベースポルフィリンを亜鉛ポルフィリンに置き換えると,電荷分離寿命が1.6秒(DMF溶液中,163 K)にまで長くなり,電荷分離の量子収率も34%まで向上する[28].

フラーレンと電子供与体を連結する方法として,共有結合だけでなく,ハミルトンレセプターに代表される水素結合などの分子間相互作用やロタキサンなどのインターロック構造を利用した連結分子などが設計・合成されている.また,C_{60}の代わりに金属内包フラーレンを用いた連結分子の合成なども行われている.C_{60}よりも還元電位の高い$Sc_3N@C_{80}$に亜鉛ポルフィリンを連結した系でも,

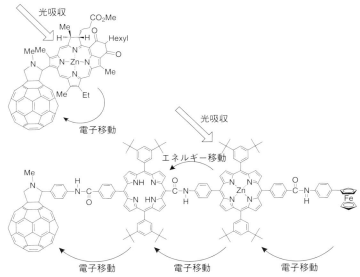

図 4.7 長寿命の光誘起電荷分離状態を形成するフラーレン–ポルフィリン連結分子

C_{60} の場合と同様に，$Sc_3N@C_{80}$ は電子受容体として働く [29]．C_{60} と比較して還元電位の非常に低い $M_2@C_{80}$ (M＝La, Ce) を用いた場合，低極性溶媒では $M_2@C_{80}$ は電子受容体になる．しかし，高極性溶媒では電子移動の向きは逆になり，$M_2@C_{80}$ が電子供与体となり，亜鉛ポルフィリンが電子受容体になることが見出された [30]．一方，$M_2@C_{80}$ に強力な電子受容性の 11,11,12,12-テトラシアノ-9,10-アントラ-p-キノジメタン (TCAQ) を連結した分子では，溶媒の極性によらず $M_2@C_{80}$ が電子供与体として働くことが確かめられた [31]．$Lu_3N@C_{80}$ にペリレンビスイミド (PDI) を連結した系では，$Lu_3N@C_{80}$ でも電子供与体になることが見出されている [32]．

これと対照的に，C_{60}-PDI連結系では電子移動は起こらず，エネルギー移動が観測される．

フラーレンとポルフィリンを連結した分子は，色素増感太陽電池（dye-sensitized solar cell；DSSC）への応用も期待される．DSSCは，ルテニウム錯体などの色素分子を光増感剤として酸化チタンに吸着させ，ヨウ素系電解液に浸したもので，太陽光により励起された色素分子の電子が酸化チタンの伝導体に注入され，外部回路へ運ばれるとともに，酸化された色素は電解質（I^-）から電子を受け取り基底状態に戻る仕組みである[33]．今堀らはルテニウム錯体の代替としてポルフィリン-フラーレン連結分子を酸化インジウムスズ（indium tin oxide；ITO）電極上に充填させた光電変換系や，ポルフィリンで修飾した金クラスターにC_{60}を吸着させたコロイドをSnO_2/ITO電極に電析させた光電変換系を構築し，光電流発生に成功している[34]．

動物の地磁気感受にかかわる生体分子のモデル化合物にも，ポルフィリン-フラーレン連結系が用いられている．TimmelとHoreらはカロテノイド-ポルフィリン-フラーレン三元系連結分子を用い，光励起電荷分離により形成されるラジカルイオン対の寿命が微小磁場に対して異方性をもつことを見出している[35]．

4.6.2 有機薄膜太陽電池

フラーレンの優れた電子受容性は，有機薄膜太陽電池（organic thin-film solar cell；OTFSC）への応用も展開されている．OTFSCにおいてフラーレンは光活性層のn型半導体として働く．フラーレンはそのままでは溶解性が低いことや，LUMO準位が低く十分な開放電圧をとれないために，塗布で作製するバルクヘテロ接合型OTFSCでは，フラーレン誘導体が用いられるのが一般的である．

なかでも Wudl と Hummelen らが開発した[60]PCBM は電子受容体のベンチマークとして OTFSC の評価に広く用いられている．これに対して，p型半導体にはポリフェニレンやポリチオフェンなどのポリアリーレン系の高分子が電子供与体として使われる．特に汎用性の高い高分子としてはポリ(3-ヘキシルチオフェン)(P3HT)が知られている．図4.8に示されるような[60]PCBM と P3HT の組み合わせにより作製されたバルクヘテロ接合型 OTFSC では最大4.4％の光電変換効率が報告されている[36]．

C_{70} の誘導体の[70]PCBM では，[60]PCBM よりも可視領域の光吸収が大きく，比較的バンドギャップの広いポリ[2-メトキシ-5-(3',7'-ジメチルオクチロキシ)-1,4-フェニレンビニレン](MDMO-PPV)との組み合わせにより高い変換効率が期待できる．また，$Lu_3N@C_{80}$ は C_{60} よりも第一還元電位が高く，大きな開放電圧を取ることができることから，これまでにいくつかの $Lu_3N@C_{80}$-PCBM 類縁体の合成が行われており，[60]PCBM よりも高い変換効率で動作する OTFSC が作製されている[37]．

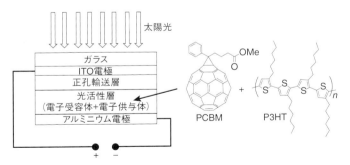

図4.8 基本的な有機薄膜太陽電池の構成，および，光活性層に用いられる PCBM と P3HT の分子構造

4.7 単分子スイッチング

　金属内包フラーレンは電気双極子モーメントをもつことから，外部電界により回転させて可逆的に配向を制御する単分子スイッチングデバイスへの応用も期待される．しかし，金属内包フラーレンを金属基板に直接蒸着させると，基盤との相互作用が大きいために配向が固定され，外部電界を加えても回転させることができない．真島らは，金基盤表面にアルカンチオールを自己組織化させた単分子膜（self-assembled monolayer；SAM）上に $Tb@C_{82}$ を蒸着させることで，外部電界により $Tb@C_{82}$ の配向をスイッチングできることを実証した [38]．走査型トンネル顕微鏡（scanning tunneling microscope；STM）で $Tb@C_{82}$ 単分子上のトンネル電流-プローブバイアス電圧（I–V）特性を調べると，13 K でヒステリシスとともに負性微分コンダクタンス（negative differential conductance；NDC）がみられることから，外部電場の向きと大きさを変化させることにより $Tb@C_{82}$ 分子の向きが切り替わったと考えられる．同様の検討は，対称性の高い C_{60} を用いても行われ，単分子膜上で C_{60} の配向に応じたトンネル電流のスイッチングが観測されている [39]．

4.8 生物科学分野への応用

　フラーレンの毒性については依然として議論の余地があるものの，生物活性について様々な研究が行われている．フラーレンは水に不溶であるため，生物作用などの検討に際しては，4.2 節で紹介したホスト分子や界面活性剤などを用いて分散させるか，表面を化学修飾して水溶性を付与させる手法がとられている．界面活性剤としてはポリビニルピロリドン（poly(vinylpyrrolidone)；PVP）が有

用とされている．界面活性剤を用いない場合には，ヒドロキシ基，カルボキシ基，アミノ基などの官能基の導入がフラーレンの水溶化に有効である．C_{60} にヒドロキシ基を付加した水溶性の $C_{60}(OH)_n$ はフラーレノールあるいはフレロールとも呼ばれ，様々な生物活性の研究に用いられている [40]．非共有結合と比べて共有結合による機能化は安定性が高く，溶解性を向上するには多数の付加基を導入することが効果的である．しかし，付加基の数が増えるにつれてフラーレン特有の π 電子系が消失していくので，目的に応じて最適な水溶化の手法を選択することが重要である．

4.8.1　生物活性

フラーレンの代謝経路を調べるために，^{14}C で標識したフラーレンをマウスに静脈注射して追跡する薬物動態実験が検討・実施された．その結果，水溶性フラーレン誘導体を注射した場合では，数時間で 73～92% が肝臓に蓄積されるのに対して，未修飾の C_{60} を注射した場合には，速やかに血中の血清タンパク質に吸収されることが明らかにされた [41]．また，放射化した金属内包フラーレンをラジオトレーサーとして用いた実験も行われている．ヒドロキシル化によって水溶性にした $Ho_x@C_{82}(OH)_y$ を放射化して得られる $^{166}Ho_x@C_{82}(OH)_y$ をラットに導入して in vivo での代謝過程の追跡を行うと，$^{166}Ho_x@C_{82}(OH)_y$ の多くは肝臓へ蓄積されて，ゆるやかに排出されることが見出される．また，$^{166}Ho_x@C_{82}(OH)_y$ が骨に留まり続ける様子が観測され，体外へ排出されるのは注入の 5 日後でもわずか 20% にすぎない [42]．

フラーレンは第 3 章で述べたようにラジカルに対する反応性が高く，反応点も多く存在するので，ラジカルの捕捉剤として期待される．例えば，水溶性の $C_{60}(OH)_n$ や $C_{60}[C(CO_2H)_2]_3$ などの誘導体

は生体組織でラジカル捕捉剤として働く [43].

$C_{60}(OH)_n$ は神経伝達にかかわるグルタミン酸受容体に対し阻害剤となることも報告されている [44]. グルタミン酸受容体により誘起される細胞内カルシウムイオンの濃度上昇が $C_{60}(OH)_n$ によって抑えられることから，神経保護薬（neuroprotective agent）としての応用も期待される．

フラーレンの疎水性が機能として働いた例として，Friedman らの報告した水溶性フラーレン誘導体の HIV（ヒト免疫不全ウィルス）プロテアーゼ阻害活性が挙げられる [45]. これは，HIV プロテアーゼの高い疎水環境をもつ部位に疎水性のフラーレンが適合して活性が阻害されると考えられている．

水溶性フラーレン誘導体は光照射下において DNA 切断活性を示す [46]. これを利用して，特定の DNA サイトを切断することのできるフラーレン誘導体の合成も行われている．例えば，水溶性フラーレンに 14-mer DNA シーケンスを連結させた誘導体は，相補的な DNA 二重鎖を認識して結合することができ，光を照射すると，フラーレン部位の近傍にあるグアニンサイトが切断される [47]. この切断活性は，励起されたフラーレン誘導体によって発生した活性酸素（一重項酸素（$^1O_2$），ヒドロキシルラジカル（$\cdot OH$），スーパーオキシドアニオンラジカル（$O_2^{\cdot -}$）などの総称）の働きによると考えられている．同様の DNA 切断活性は，PVP を用いて水溶化した未修飾の C_{60} でも見られる．DNA に親和性のあるインターカレート基として知られるアクリジン構造を導入したフラーレンを用いると，DNA 切断活性が向上する [48].

図 4.9 に示すようなアミノ基を側鎖にもつ水溶性フラーレン誘導体は，低毒性で高機能な遺伝子導入剤としての応用が見込まれている [49].

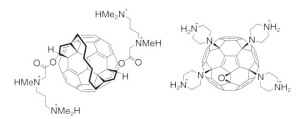

図 4.9 遺伝子導入剤として見込まれる水溶性のアミノ化フラーレン誘導体

4.8.2 造影剤

 金属内包フラーレンでは金属原子が外部環境から隔離されているので,金属キレート錯体よりも高い安定性と低い毒性をもつ.このことから,医療や診断などへの利用が見込まれる.核磁気共鳴画像法(magnetic resonance imaging;MRI)は,NMR の原理を利用して生体内部を画像する方法であり,レントゲン撮影などとは異なり放射線被爆なしに測定できる利点がある.医療用 MRI では^{1}H の信号を検出して画像化処理を行うのが一般的である.造影剤を投与すると,^{1}H 核の緩和時間が短縮されるため,画像のコントラストが明瞭になりやすい.造影剤としては磁気モーメントの大きい Gd イオン(全スピン角運動量 S=7/2)のキレート錯体が用いられている.これに対して,Gd@C_{82} や Gd$_3$N@C_{80} などに化学修飾を行い水溶性にしたものは,代表的な造影剤として知られる GD–DTPA(diethylenetriamino-pentaacetic acid)よりも高い造影能をもつことが見出されている [50].

 X 線造影検査は,レントゲン撮影では写りにくい体の部位に造影剤を注入して画像撮影する方法である.現在,造影剤には主に硫酸バリウムが用いられているが,ルテニウムを内包した Lu$_3$N@C_{80} が

優れた X 線造影能をもつことが見出されている [51].

4.8.3 中性子捕捉剤

中性子捕捉療法は，がん組織に中性子線を照射し，核反応により発生する放射線によってがん組織を破壊する放射線療法である．^{157}Gd は，中性子線吸収断面積が大きいことが知られており，中性子線の照射によりガンマ線を発生することから，中性子捕捉剤として期待されている．これまでに，Gd@C$_{82}$ にブロック高分子を混ぜて調製される分散性の高いナノ粒子が *in vitro* 試験において中性子捕捉療法に有用であることが示されている [52].

参考文献

[1] A. F. Hebard, et al.: *Nature*, **350**, 600 (1991).
[2] K. Tanigaki, et al.: *Nature*, **352**, 222 (1991).
[3] B. Narymbetov, et al.: *Nature*, **407**, 883 (2000).
[4] K. Miyazawa, et al.: *J. Mater. Res.*, **17**, 83 (2002).
[5] S. Sato, et al.: *J. Am. Chem. Soc.*, **133**, 2766 (2011).
[6] (a) J. L. Atwood, et al.: *Nature*, **368**, 229 (1994). (b) T. Suzuki, et al.: *Chem. Lett.*, **23**, 699 (1994).
[7] M. -X. Wang, et al.: *Angew. Chem. Int. Ed.*, **43**, 838 (2004).
[8] J. W. Steed, et al.: *J. Am. Chem. Soc.*, **116**, 10346 (1994).
[9] T. Iwamoto, et al.: *Angew. Chem. Int. Ed.*, **50**, 8342 (2011).
[10] T. Kawase, et al.: *Angew. Chem. Int. Ed.*, **42**, 1624 (2003).
[11] K. Tashiro, et al.: *J. Am. Chem. Soc.*, **121**, 9477 (1999).
[12] H. Isla, et al.: *J. Am. Chem. Soc.*, **132**, 1772 (2010).
[13] T. Andersson, et al.: *J. Chem. Soc., Chem. Commun.*, 604 (1992).
[14] Y. Nishibayashi, et al.: *Nature*, **428**, 279 (2004).
[15] B. W. Smith, et al.: *Nature*, **396**, 323 (1998).
[16] K. Hirahara, et al.: *Phys. Rev. Lett.*, **85**, 5384 (2000).
[17] S. Bandow, et al.: *Chem. Phys. Lett.*, **337**, 48 (2001).
[18] R. Kitaura, et al.: *Nano Lett.*, **8**, 693 (2008).

[19] M. Sawamura, et al.: *Nature*, **419**, 702 (2002).

[20] S. Zhou, et al.: *Science*, **291**, 1944 (2001).

[21] H. Isobe, et al.: *Proc. Natl. Acad. Sci. U. S. A.*, **104**, 14895 (2007).

[22] T. Homma, et al.: *Angew. Chem. Int. Ed.*, **49**, 1665 (2010).

[23] T. Michinobu, et al.: *J. Am. Chem. Soc.*, **128**, 10384 (2006).

[24] Y. Matsuo: *Bull. Chem. Soc. Jpn.*, **81**, 320 (2008).

[25] Y. Ito, et al.: *ACS Nano*, **1**, 456 (2007).

[26] K. Ohkubo, et al.: *Angew. Chem. Int. Ed.*, **43**, 853 (2004).

[27] H. Imahori, et al.: *J. Am. Chem. Soc.*, **123**, 6617 (2001).

[28] D. M. Guldi, et al.: *J. Phys. Chem. A*, **108**, 541 (2004).

[29] L. Feng, et al.: *J. Am. Chem. Soc.*, **133**, 7608 (2011).

[30] D. M. Guldi, et al.: *J. Am. Chem. Soc.*, **132**, 9078 (2010).

[31] Y. Takano, et al.: *J. Am. Chem. Soc.*, **134**, 19401 (2012).

[32] L. Feng, et al.: *J. Am. Chem. Soc.*, **134**, 12190 (2012).

[33] B. O'Regan, M. Gratzel: *Nature*, **353**, 737 (1991).

[34] H. Imahori, S. Fukuzumi: *Adv. Funct. Mater.*, **14**, 525 (2004).

[35] K. Maeda, et al.: *Nature*, **453**, 387 (2008).

[36] G. Li, et al.: *Nat. Mater.*, **4**, 864 (2005).

[37] R. B. Ross, et al.: *Nat. Mater.*, **8**, 208 (2009).

[38] Y. Yasutake, et al.: *Nano Lett.*, **5**, 1057 (2005).

[39] S. Vijayaraghavan, et al.: *Nano Lett.*, **12**, 4077 (2012).

[40] L. Y. Chiang, et al.: *J. Chem. Soc., Chem. Commun.*, 1283 (1995).

[41] (a) S. Yamago, et al.: *Chem. Biol.*, **2**, 385 (1995). (b) R. Bullard-Dillard, et al.: *Bioorg. Chem.*, **24**, 376 (1996).

[42] D. W. Cagle, et al.: *Proc. Natl. Acad. Sci. U. S. A.*, **96**, 5182 (1999).

[43] (a) L. L. Dugan, et al.: *Neurobiol. Dis.*, **3**, 129 (1996). (b) L. L. Dugan, et al.: *Proc. Natl. Acad. Sci. U. S. A.*, **94**, 9434 (1997). (c) M. C. Tsai, et al.: *J. Pharm. Pharmacol.*, **49**, 438 (1997).

[44] H. Jin, et al.: *J. Neurosci. Res.*, **62**, 600 (2000).

[45] S. H. Friedman, et al.: *J. Am. Chem. Soc.*, **115**, 6506 (1993).

[46] H. Tokuyama, et al.: *J. Am. Chem. Soc.*, **115**, 7918 (1993).

[47] A. S. Boutorine, et al.: *Angew. Chem., Int. Ed. Engl.*, **33**, 2462 (1995).

[48] Y. N. Yamakoshi, et al.: *J. Org. Chem.*, **61**, 7236 (1996).

[49] R. Maeda-Mamiya, et al.: *Proc. Natl. Acad. Sci. U. S. A.*, **107**, 5339 (2010).

[50] (a) M. Mikawa, et al.: *Bioconjugate Chem.*, **12**, 510 (2001). (b) P. P. Fatouros,

et al.: *Radiology*, **240**, 756 (2006).
[51] E. B. Iezzi, et al.: *Nano Lett.*, **2**, 1187 (2002).
[52] H. Yukichi, et al.: *Sci. Tech. Adv. Mater.*, **12**, 044607 (2011).

コラム 9

フラーレン導電体・超伝導体の最近の状況

C_{60}導電体ならびに超伝導体が発見された背景には,有機物は電気導体として電流を流すかという,科学における長年の研究の歴史がある.その歴史は,縮合芳香族に臭素をドープした電気伝導に関する 1954 年の赤松・井口の研究に遡ることができる.この年にペリレンを用いて,有機物でも電気を流す可能性があることが示された[1].この研究は,その後,TTF–TCNQ という電子供与性と電子受容性の 2 種類の有機分子が交互に配列した電荷移動錯体を対象に継続され,ついに金属に迫る高い電気伝導が観測された[2].このような研究が実を結び,基底状態としてフェルミ面を有する初めての有機超伝導体が,Jérome により 1980 年に報告された[3].その後,現在まで電荷移動錯体を中心として,数多くの有機導体および超伝導体が研究されている.一方,導電性有機物の研究は,高分子系材料で大きな進展がなされ,ヨウ素をドープしたポリジアセチレンで観測された高い電気伝導は,Heeger,MacDiarmid,白川の 3 名に 2000 年のノーベル化学賞が授与され,現在では様々な電子デバイスに実際に応用されている[4].

このような研究の歴史を振り返った場合に興味深いことは,有機分子から構成される多くの固体は,その低次元性のためにパイエルス不安定性が存在し,温度を下げる過程で金属絶縁体転移が生じることである.このような有機伝導体の研究の歴史があり,C_{60}が発見された当時,その伝導性に大きな関心がもたれた.なぜならば,C_{60}分子は幾何学対称性が高いことから,分子形状の対称性低下であるヤーンテラー(Jahn Teller)歪み効果が生じにくく,フェルミ面のネスティングに起因する電子状態の不安定性が抑えられることが期待されるからである.

C_{60}の金属電気伝導性および超伝導を最初に観測したのは,Haddon と Murphy を中心としたベル研究所である.アルカリ金属と C_{60} を組み合わせた組成 K_3C_{60} の物質で超伝導臨界温度 $T_c=18$ K の超伝導が観測された[5].さらに,この物質系として $RbCs_2C_{60}$ では,臨界温度が $T_c=33$ K まで常圧で上昇するこ

とが谷垣などNECのグループにより報告された [6]．実は，この際は気がつかなかったが，今再検討するとRbCs$_2$C$_{60}$は常温ではモット絶縁体であることがわかる．この当時は電気伝導の実験が成功しなかったために，見落とされた事実である．この事実が明白になるには，その後20年近い年月がかかった．研究とはそういうものなのであろう．

研究の展開は，合成できないであろうとされていたCs$_3$C$_{60}$の物質が特殊なアンモニア合成方法によって，RosseinskyとPrassidesにより合成され，高圧下で超伝導が観測されたことによる．この物質は，液体He温度4Kでもその基底状態はモット絶縁体であるが，圧力を加えると絶縁体金属転移を生じて，T_c＝38Kまでその超伝導臨界温度は上昇することがわかった [7]．この研究の意義は，C$_{60}$物質系は基本的にはバンド幅Wよりもオンサイトクーロン反発エネルギーUが大きいモット絶縁体に近い，強電子相関系物質として理解されるべきであるという事実である．モット絶縁体領域として認識される物性が観測されて初めて明らかになった物性の重要な側面である．しかし，電子相関がどの程度，超伝導発現と関係しているかは未解決である．

本コラム欄の最後に，有機縮合環系物質において最近報告されたピセン，フェナンソレンなどの超伝導体の話題にふれる．最近，赤松・井口の研究と非常に近い物質であるピセンおよびフェナンソレンの超伝導が日本と中国で相次いで報告された [8]．その後，両グループにより総説を含めて多くの報告がなされた．この研究が正しければ，純粋な縮合炭素物質でフェルミ面が形成されて（電気伝導性としての）金属が合成できるという物性科学において大きな進展である．しかし，2010年にその報告がなされてから，最初のグループ以外からは再現に成功した報告はなく，議論となっていた．最近，これらの超伝導を否定する結果の報告があった [9]．残念ながら，純粋な縮合π電子系炭素系分子で金属および超伝導は未だ存在しない．

[1] H. Akamatsu, et al.: *Nature*, **173**, 168 (1954).
[2] J. Ferraris, et al.: *J. Am. Chem. Soc.*, **95**, 948 (1973).

[3] D. Jérome, et al.: *J. Physique Lett.*, **41**, 95（1980）

[4] http://www.nobelprize.org/nobel_prizes/chemistry/laureates/2000/ The Nobel Prize in Chemistry 2000 was awarded jointly to Alan J. Heeger, Alan G. MacDiarmid and Hideki Shirakawa *"for the discovery and development of conductive polymers"*.

[5] A. F. Hebard, et al.: *Nature*, **350**, 600（1991）.

[6] K. Tanigaki, et al.: *Nature*, **352**, 222（1991）.

[7] Y. Takabayashi, et al.: *Science*, **323**, 1585（2009）.

[8]（a）R. Mitsuhashi, et al.: *Nature*, **464**, 76（2010）.（b）X. Wang, et al.: *Nat. Commun*., **2**, 507（2010）.

[9]（a）S. Heguri, et al.: *Phys. Rev. B*, **90**, 134519（2014）.（b）S. Heguri, et al.: *Phys. Rev. B*, **92**, 014502（2015）.

（東北大学 AIMR・大学院理学研究科　谷垣勝巳）

コラム 10

サッカーボールと超分子化学

1985年に,60個の炭素によって構成されるサッカーボール型の分子「フラーレン」が発見された [1]. sp^2 混成の炭素が球形に配置された分子構造は超分子化学の世界でも非常に注目され,どのようなホスト分子がフラーレンを包接することができるのか,多くの超分子化学者が注目した.官能基もなく曲がった π 平面を認識するホストには,フラーレンを包接できるナノメーターサイズの大きな空孔をもつ分子が想定される.実際,水中でカリックス[8]アレーンは,環状に並んだフェノール性芳香環により提供される大きな空孔にフラーレンを包接した [2]. フラーレンが炭素のみからできていることを考えれば,フラーレンが水に溶けたことはある種の驚きである.その後,カリックス[5]アレーンとフラーレンの包接錯体の結晶構造が報告され,π-π スタッキング相互作用やファンデアワールス相互作用がフラーレンの包接を促進していることが示された [3]. 結晶構造からわかるように,カリックス[5]アレーンの空孔はフラーレンの片側をうまく覆っていた.さらに分子構造を拡張したビスカリックス[5]アレーンはフラーレンをほぼ完全に覆うことができ,極めて優れたフラーレンホスト分子であった [4,5]. 驚くべきことに,このビスカリックス[5]アレーンは C_{78} などの高次フラーレンも強く包接することが明らかになった.また,2つのカリックス[5]アレーンをつなぐリンカーをさらに長くすることで,フラーレンの二量体である C_{120} を認識するホスト分子が生み出された [6]. 一方,Boyd と Reed らは,フラーレンの曲がった π 表面を認識

カリックス[8]アレーンとフラーレンの包接錯体[2]

カリックス[5]アレーンとフラーレンの包接錯体の結晶構造[3]

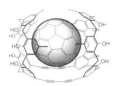

ビスカリックス[5]アレーンと　　ビスカリックス[5]アレーンと
フラーレンの包接錯体[5]　　　　C_{120}の包接錯体[6]

するために，フラーレンを覆うような曲がった空孔は必ずしも必要でないことを指摘した[7]．事実，ポルフィリンを2つつないだ環状分子が，フラーレン分子を強く包接することが見出されている[8]．（カラー図は口絵参照）

これらの報告以降，数多くの種類のフラーレンホスト分子が開発されてきた．今日では，フラーレンの超分子化学はナノテクノロジーとの融合を果たし，高度に組織化された超分子フラーレン重合体の開発へと新たな展開を見せている[9]．

[1] H. W. Kroto, et al.: *Nature*, **318**, 162（1985）.
[2] R. M. Williams, et al.: *Recl. Trav. Chim., Pays-Bas.*, **111**, 531（1992）.
[3] Y. Fukazawa, et al.: *Angew. Chem., Int. Ed. Engl.*, **36**, 259（1997）.
[4] T. Haino, et al.: *J. Nanosci. Nanotech.*, **7**, 1（2007）.
[5] T. Haino, et al.: *Org. Lett.*, **8**, 3545（2006）.
[6] T. Haino, et al.: *Bull. Chem. Soc. Jpn.*, **78**, 768（2005）.
[7] P. D. W. Boyd, et al.: *J. Am. Chem. Soc.*, **121**, 10（1999）.
[8] K. Saigo, et al.: *Angew. Chem. Int. Ed.*, **40**, 1857（2001）.
[9] T. Haino, et. al.: *Chem. Eur. J.*, **20**, 16138.（2014）.

（広島大学大学院理学研究科　灰野岳晴）

コラム 11

太陽電池への応用最前線

　有機薄膜太陽電池は，軽量で意匠性が高く，塗布プロセスによりつくられる新しい太陽電池である．有機薄膜太陽電池の発電層は，有機電子供与体と有機電子受容体の2種類の有機半導体からなる．フラーレンは高い電子親和力を有するため，有機薄膜太陽電池の電子受容体として欠かせない材料となっている．フラーレンそのものは，有機溶媒に対する高い溶解度をもたないため，フラーレンに有機分子を化学結合により取り付けたフラーレン誘導体が用いられる．有機薄膜太陽電池の発電効率を向上させるために，様々なフラーレン誘導体が分子設計され，合成されてきた．フラーレン誘導体の分子設計により，電子親和力の調節，溶解度の最適化，有機電子供与体との相対的な結晶性の調節，電子を輸送する特性の向上などが行われる．フラーレン誘導体の電子親和力が高すぎると，有機薄膜太陽電池が与える電圧が低くなるので，高い電圧を得るために，通常，フラーレン誘導体の電子親和力を下げる分子設計が行われる．もともとのフラーレンは60個のπ電子からなるπ電子系を有するが，有機分子を取り付けてフラーレンのsp^2炭素をsp^3炭素に変えることにより，π電子系を縮小し，電子親和力を下げる．また，取り付ける有機分子はフラーレン部分と比べて電気を流しにくい性質をもつので，できるだけ小さな有機分子を取り付けることにより，フラーレン誘導体の電子輸送特性を向上させることができる．これにより，電池の内部の抵抗が減り，発電効率が向上する．この

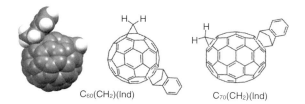

$C_{60}(CH_2)(Ind)$　　　$C_{70}(CH_2)(Ind)$

ように高い性能をもつフラーレン誘導体電子受容体の研究開発が行われ,現在は10%程度の発電効率が得られるようになっている.

このように高い電圧と電流を得ることを目的に設計されたフラーレン誘導体の具体例を挙げる[1, 2].メタノインデンフラーレン $C_{60}(CH_2)(Ind)$ は,メチレン(CH_2)とインデンがフラーレンに付加した 56π 電子共役系である.縮小された π 電子共役系により,電子親和力が下げられ,浅い最低空軌道準位をもつ.通常の 58π 電子共役系フラーレン誘導体を用いた有機薄膜太陽電池が,ポリ(3-ヘキシルチオフェン)電子ドナーとの組み合わせで通常0.6 V程度の開放端電圧を与えるのに対し,メタノインデンフラーレンとポリ(3-ヘキシルチオフェン)を用いた有機薄膜太陽電池は,0.78 Vの開放端電圧を与える.また,メチレン基の小さな立体障害のため,フラーレンの π 電子共役系どうしの接触は妨げられず,通常の 56π 電子共役系フラーレンよりも,高い電子移動度を示す.これにより,高い電流やフィルファクタが得られる.C_{70} のメタノインデンフラーレン $C_{70}(CH_2)(Ind)$ も開発されており,さらに高い特性を示す.

フラーレン誘導体を電子アクセプターとして用いた,有機薄膜太陽電池の実用化研究が進んでいる.三菱化学株式会社はスリーエムジャパンと共同で,オフィスビルの窓に貼るシースルー有機太陽電池を開発した.窓に貼れるほど軽量で,有機薄膜の厚みの調整や有機材料の選択により透光性を制御できるという有機薄膜太陽電池の特長を活かし,従来の太陽電池が設置できなかった箇所に設置しようという戦略である.今後増える高層ビルでは屋上の面積が限られ,しかも多くの設備類が据え付けられていることが多いが,垂直面,特に窓の部分に貼り付けて発電することにより,ビルの省エネ化をさらに推進できるものと期待されている.

[1] Y. Matsuo et al.: *Adv. Mater.*, **25**, 6266(2013).
[2] Y. Matsuo et al.: *Sci. Rep.*, **5**, 8319(2015).

(東京大学大学院工学系研究科　松尾豊)

コラム 12

生理活性フラーレン（C_{60}）研究の最前線

　本コラムでは医薬品開発につながる C_{60} 誘導体の生理活性についてオーバービューする［1, 2］．ただし，光依存活性酸素生成に基づく活性は他のコラム（コラム⑬）を参照されたい．

　革新的新薬を創製する戦略として，従来の有機化合物とは骨格から異なる新奇化合物をリード化合物とするものがある．新奇化合物の未知の可能性を切り開く戦略であり，我々は C_{60} に着目した．当初は生理活性測定のためランダムに水溶性基を C_{60} 骨格に導入したが，置換基により様々な生理活性を示すことを明らかにしている．我々が明らかにした活性としては，マロン酸型誘導体の抗酸化，抗炎症，ピロリジニウム型の抗がん，抗菌，プロリン型の HIV 逆転写酵素阻害，インフルエンザウイルスエンドヌクレアーゼ阻害，スルホンアミド型の C 型肝炎ウィルス RNA ポリメラーゼ阻害などがあり，他には HIV プロテアーゼ阻害などもある．また，医療応用を目的とした遺伝子導入等もある．医薬品としての実用化はまだであるが，抗酸化活性と関連して化粧品への応用は進んでいる．（カラー図は口絵参照）

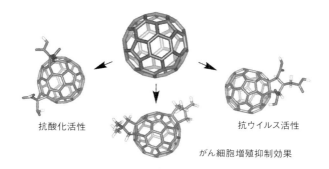

抗酸化活性　　　　　　　　　　　　　抗ウイルス活性

がん細胞増殖抑制効果

これらの活性は C_{60} 骨格自体の性質に置換基の性質が加わって発揮される．例えば，HIV 逆転写酵素とは C_{60} 骨格が脂溶性アミノ酸と相互作用し，置換基部位はネビラピンと同様の相互作用する可能性をドッキングスタディーで示している．また，抗がん，抗菌活性は抗酸化活性とは逆に細胞内で活性酸素を生成する機構であることを明らかにしている．C_{60} は酸化還元を受けやすいが，その性質を置換基が制御していると考えている．

　アニリンと安息香酸はともにベンゼン環を有するが性質が全く異なるのと同様，C_{60} も置換基により生理活性が制御される．

[1] T. Yasuo, et al.: *Bioorg. Med. Chem. Let.*, **25**, 3226 (2015).
[2] 松尾豊（監修）:『フラーレン誘導体・内包技術の最前線』pp.237-247, フラーレン誘導体のライフサイエンス分野における応用，シーエムシー出版（2014）．

〈慶應義塾大学薬学部　増野匡彦〉

コラム 13

光線力学療法への展開

　1991年のUCLAのFoote教授らによるフラーレン（C_{60}, C_{70}）の光増感性および一重項酸素の生成の報告 [1, 2] から四半世紀が経ち，東京大学の中村教授らのグループの研究 [3] を皮切りに，数々の水溶性誘導体合成とそれに伴う光生物活性の報告 [4] がなされてきた．フラーレンを光線力学療法（PDT）における増感剤として用いることの利点としては，(1) 光非照射下においては毒性が低い，(2) 活性酸素種生成の量子収率がほぼ定量的 [5] である，(3) 体内を通過しやすい比較的長波長側の光で励起される，という点が挙げられるが，反面，モル吸光度係数がポルフィリン類に比較してあまり高くない，などの問題点も指摘されてきた．

　近年，ハーバード大学のHamblin教授のグループは，フラーレンのPDT薬剤としての有用性について，*in vitro* および *in vivo* 両法のアッセイを用いて，詳細に検討している．その報告 [6] によると，light hervesting官能基の導入により，PDTにおいて汎用されている赤色光における吸収の向上が可能となる．また，two-photon励起法を用いた *in vivo* における光の透過の向上も期待される．

　今後さらに，*in vivo* におけるフラーレン分子の疾病への選択的取り込みを狙った，疾病ターゲット型のPDT薬剤の開発が期待される．例えば，生体内での分解を抑えて半減期を長くするため，高分子型の水溶性フラーレン誘導体 [7] を用いると，同時に，高分子薬剤の炎症性疾患におけるEPR効果も期待される．フラーレンの多様な化学反応性を用いるといろいろな新しい薬剤のデザインが可能であり，今後の展開が期待される．

[1] J. W. Arbogast, et al.: *J. Phys. Chem.*, **95**, 11 (1991).
[2] J. W. Arbogast, C. S. Foote: *J. Am. Chem. Soc.*, **113**, 8886 (1991).
[3] H. Tokuyama, et al.: *J. Am. Chem. Soc.*, **115**, 7918 (1993).
[4] E. Nakamura, H. Isobe: *Acc. Chem. Res.*, **36**, 807 (2003).
[5] T. Nagao, et al.: *Chem. Pharm. Bull.*, **42**, 2291 (1994).
[6] Y. Y. Huang, et al.: *J. Biomed. Nanotechnol.*, **10**, 1919 (2014).
[7] S. Aroua, et al.: *Polymer Chem.*, **6**, 2616 (2015).

(スイス連邦工科大学チューリッヒ校　山越葉子)

第5章

付録

5.1 炭素ケージの異性体番号のつけ方

FowlerとManolopoulosが提案するスパイラルアルゴリズムに基づく炭素ケージの異性体番号は,以下の手順で決められる [1].

はじめにフラーレンの構造を数列で表現する.図5.1にC$_{60}$の構造をステレオ投影したシュレーゲル図を示す.この中心の五員環を始点としてすべての面を回るように渦巻き(スパイラル)を描くと,五員環(5)と六員環(6)の通る順序は式(5.1)のようになる.

$$C_{60}: 566666565656565665656565666665 \qquad (5.1)$$

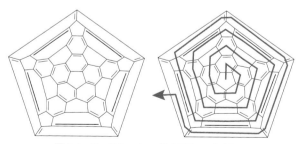

図 5.1 C$_{60}$ のシュレーゲル図とスパイラル

これを五員環の出現する順番として表現すると，C_{60} の構造は式 (5.2) の数列で表現される．

$$C_{60}: 1\ 7\ 9\ 11\ 13\ 15\ 18\ 20\ 22\ 24\ 26\ 32 \tag{5.2}$$

このようにフラーレンの構造を数列で表現し，数列の数字が小さいものから異性体を並べたときの順番が，その異性体の番号となる．ただし，異性体の数え方は2通り存在するので注意が必要である．1つは幾何学的にとりうるすべての構造を数える方法であり，もう1つは，五員環同士は隣接しないという孤立五員環則 (isolated pentagon rule；IPR) を満たす構造 (2.1.4 節参照) のみを数える方法である．慣例として，IPR を満たさない構造については前者の数え方，IPR を満たす構造については後者の数え方を適用するダブルスタンダード方式が広く用いられており，本書でもこれに従う．例えば，C_{76} の IPR を満たす2種類の異性体は，数列の数字が小さい順番にそれぞれ式(5.3)，式(5.4) で表現されるので，D_2 対称の異性体は No.1，T_d 対称の異性体は No.2 となり，それぞれ $D_2(1)$-C_{76}，$T_d(2)$-C_{76} と表記される (図 2.12 参照)．

$$D_2(1)\text{-}C_{76}: 1\ 7\ 9\ 11\ 13\ 18\ 26\ 31\ 33\ 35\ 37\ 39 \tag{5.3}$$

$$T_d(2)\text{-}C_{76}: 1\ 7\ 9\ 12\ 14\ 21\ 26\ 28\ 30\ 33\ 35\ 38 \tag{5.4}$$

一方，non-IPR 構造をもつ $La_2@C_{76}$ は，19,151 種類ある non-IPR フラーレンを含めた異性体の中から順番を数えると 17,490 番目の構造をもつので，Schönflies 記号と併せて $La_2@C_s(17490)$-C_{76} と表記される．

5.2 フラーレンの鏡像異性の表記法

フラーレンの鏡像異性については，IUPAC の推奨する次の方法で表記される．

(1) はじめに，ケージ炭素に位置番号をつける．ただし，位置番号をつけ方には，IUPAC の推奨する「系統的」(systematic；s) なつけ方 [2] と，Taylor が使い始めた，反応性の高い結合の構成炭素が小さい番号になるようにした「慣用的」(trivial；t) なつけ方 [3] の 2 通りが普及しているので注意が必要である．

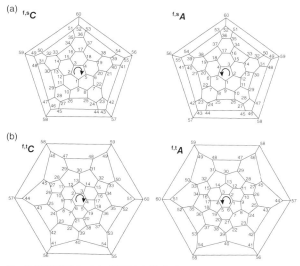

図 5.2 C_{60} の炭素原子の (a) 慣用的な位置番号づけと，(b) 系統的な位置番号づけ

表 5.1 C_{84} よりも大きい IPR フラーレンの一覧（第 2 章 2.1.4 節参照）

$C_n(n>84)$	フラーレン構造	構造解析に用いられた試料	文献
C_{86}	$C_s(16)$-C_{86}	ポルフィリンとの共結晶	[4]
	$C_s(17)$-C_{86}	ポルフィリンとの共結晶	[4]
C_{88}	$C_2(33)$-C_{88}	トリフルオロメチル化体	[5]
C_{90}	$D_{5h}(1)$-C_{90}		[6]
	$C_2(28)$-C_{90}	塩素化体	[7]
	$C_1(30)$-C_{90}	ポルフィリンとの共結晶，塩素化体，トリフルオロメチル化体	[7-8]
	$C_1(32)$-C_{90}	ポルフィリンとの共結晶，塩素化体	[7-8]
	$C_s(34)$-C_{90}	塩素化体	[7,9]
	$C_s(35)$-C_{90}	塩素化体，トリフルオロメチル化体	[7,8b]
	$C_2(45)$-C_{90}	トリフルオロメチル化体	[8b]
	$C_{2v}(46)$-C_{90}	塩素化体	[9]
C_{92}	$C_1(38)$-C_{92}	塩素化体，トリフルオロメチル化体	[10]
	$D_2(82)$-C_{92}	トリフルオロメチル化体	[5]
C_{94}	$C_1(34)$-C_{94}	塩素化体	[11]
	$C_s(42)$-C_{94}	トリフルオロメチル化体	[11]
	$C_2(43)$-C_{94}	トリフルオロメチル化体	[11]
	$C_2(61)$-C_{94}	塩素化体，トリフルオロメチル化体	[11-12]
	$C_2(133)$-C_{94}	塩素化体	[11]
C_{96}	$D_{3d}(3)$-C_{96}	ポルフィリンとの共結晶	[13]
	$C_1(144)$-C_{96}	塩素化体	[14]
	$C_1(145)$-C_{96}	塩素化体，ペンタフルオロエチル化体	[12,14]

	$C_2(176)$–C_{96}	塩素化体, トリフルオロメチル化体	[14-15]
	$C_2(181)$–C_{96}	ポルフィリンとの共結晶	[13]
	$D_3(183)$–C_{96}	塩素化体	[14]
C_{98}	$C_1(116)$–C_{98}	塩素化体	[16]
	$C_2(248)$–C_{98}	塩素化体	[16]
C_{100}	$D_{5d}(1)$–C_{100}	塩素化体	[17]
	$C_2(18)$–C_{100}	塩素化体	[18]
	$C_{2h}(417)$–C_{100}	塩素化体	[18]
	$C_1(425)$–C_{100}	塩素化体	[18]
C_{102}	$C_1(603)$–C_{102}	塩素化体	[19]
C_{104}	$C_s(234)$–C_{104}	塩素化体	[19]
	$C_1(258)$–C_{104}	塩素化体	[20]
	$D_2(812)$–C_{104}	塩素化体	[20]

表 5.2 化学修飾により安定化された non-IPR フラーレンの一覧（第 2 章 2.1.5 節参照）

non-IPR フラーレン	non-IPR 構造のタイプ（個数）	合成法	文献
$C_{20}H_{20}$	ドデカヘドラン (1)	有機合成	[21]
$D_{3h}(271)$-$C_{50}Cl_{10}$	DFP(5)	CCl_4, Cl_2 存在下アーク放電	[22]
$C_{2v}(540)$-$C_{54}Cl_8$	TSFP(2)	CCl_4 存在下アーク放電	[23]
$C_{2v}(913)$-$C_{56}Cl_{10}$	DFP(4)	CCl_4 存在下アーク放電	[24]
$C_s(864)$-$C_{56}Cl_{12}$	TSFP(1), DFP(2)	CCl_4 存在下アーク放電	[23]
C_s-$C_{58}F_{17}CF_3$	七員環(1)*, DFP(2)	$Cs_xPbO_yF_z$ 存在下 C_{60} の熱分解	[25]
C_s-$C_{58}F_{18}$	七員環(1)*, DFP(2)	$Cs_xPbO_yF_z$ 存在下 C_{60} の熱分解	[25]
$C_{2v}(1809)$-$C_{60}Cl_8$	DFP(2)	CCl_4, Cl_2 存在下アーク放電	[26]
$C_s(1804)$-$C_{60}Cl_{12}$	DFP(3)	CCl_4, Cl_2 存在下アーク放電	[26]
$C_{2v}(1911)$-$C_{64}Cl_4$	TDFP(1)	CCl_4, Cl_2 存在下アーク放電	[22 b]
$C_{3v}(1911)$-$C_{64}H_4$	TDFP(1)	CH_4 存在下アーク放電	[27]
$C_{3v}(1911)$-$C_{64}Cl_8$	TDFP(1)	CCl_4 存在下アーク放電	[28]
$C_s(4169)$-$C_{66}Cl_6$	TSFP(1)	CCl_4 存在下アーク放電	[23]
$C_s(4169)$-$C_{66}Cl_{10}$	TSFP(1)	CCl_4 存在下アーク放電	[23]
$C_2(4348)$-$C_{66}Cl_{10}$	DFP(2)	CCl_4 存在下アーク放電	[29]
C_s-$C_{68}Cl_6$	七員環(1)*, DFP(2)	CCl_4 存在下アーク放電	[30]
$C_s(6094)$-$C_{68}Cl_8$	DFP(2)	CCl_4 存在下高周波誘導加熱	[31]
$C_{2v}(11188)$-$C_{72}Cl_4$	DFP(1)	CCl_4 存在下高周波誘導加熱, またはアーク放電	[32]
$C_2(18917)$-$C_{76}Cl_{24}$	DFP(5)	$SbCl_5$ 存在下 $D_2(1)$-C_{76} の熱転位	[33]
$C_1(23863)$-$C_{78}Cl_8$	DFP(1)	CCl_4 存在下アーク放電	[34]
$C_1(39173)$-$C_{82}Cl_{28}$	DFP(1)	$SbCl_5$ 存在下 C_{82}/C_{84} 混合物の熱分解	[35]
C_s-$C_{86}Cl_{30}$	七員環(2)**, DFP(2)	VCl_4 存在下 $C_s(16)$-$C_{86}/C_2(17)$-C_{86} 混合物の熱分解	[36]
C_1-$C_{88}Cl_{25}$	七員環(2)**, TDFP(1), DFP(2)	VCl_4 存在下 $C_2(33)$-C_{88} の熱分解	[37]

C_2-$C_{84}Cl_{26}$	七員環(2)**, DFP(4)	VCl$_4$存在下 $C_2(33)$-C_{88} の熱分解	[37]
C_s-$C_{84}Cl_{20}$	七員環(1)*, DFP(2)	VCl$_4$存在下 $C_s(16)$-$C_{86}/C_2(17)$-C_{86}混合物の熱分解	[36]
C_s-$C_{84}Cl_{32}$	七員環(1)*	VCl$_4$存在下 $C_s(16)$-C_{86} の熱分解	[38]
C_1-$C_{86}Cl_{24}$	七員環(1)*, TSFP(1), DFP(1)	VCl$_4$存在下 $C_2(33)$-C_{88} の熱分解	[37]
C_1-$C_{86}Cl_{26}$	七員環(1)*, DFP(2)	VCl$_4$存在下 $C_2(33)$-C_{88} の熱分解	[37]
C_1-$C_{88}Cl_{22}$	七員環(1)*, DFP(2)	VCl$_4$存在下 $C_2(33)$-C_{88} の熱分解	[39]
C_1-$C_{94}Cl_{22}$	七員環(1)*, DFP(3), TSFP(1)	VCl$_4$/SbCl$_5$存在下 $C_2(18)$-C_{100} の熱分解	[40]
C_1-$C_{96}Cl_{20}$	七員環(3)***, DFP(3), TDFP(1), TSFP(1)	VCl$_4$/SbCl$_5$存在下 $C_2(18)$-C_{100} の熱分解	[41]
C_1-$C_{98}Cl_{28}$	七員環(1)*, DFP(2)	VCl$_4$/SbCl$_5$存在下 C_{100} の熱分解	[18]
C_1-$C_{100}Cl_{22}$	七員環(1)*	VCl$_4$/SbCl$_5$存在下 C_{100} の熱分解	[18]
$C_1(283794)$-$C_{102}Cl_{20}$	DFP(2)	VCl$_4$/SbCl$_5$存在下 C_{102} の熱分解	[42]

*1 個の七員環の存在に対応して五員環は 13 個含まれる．
**2 個の七員環の存在に対応して五員環は 14 個含まれる．
***3 個の七員環の存在に対応して五員環は 15 個含まれる．

(2) 次に，炭素ケージの外側から見たときに炭素の位置番号 1，2，3 を辿ったときに時計回り（Clockwise；C）であるか，反時計回り（Anticlockwise；A）であるかを判断する．このようにして，系統的な方法で位置番号が時計回りならば $^{\mathrm{f,s}}C$，反時計回りならば $^{\mathrm{f,s}}A$ と表記する．同様に，慣用的な方法で位置番号をつけた場合には，それぞれ $^{\mathrm{f,t}}C$，$^{\mathrm{f,t}}A$ と表記する．ここで，「f」はフラーレン（fullerene；f）の鏡像異性であることを示している．

図 5.2 に C_{60} における炭素の 2 通りの位置番号を示す．C_{60}，C_{70}，$D_2(1)$–C_{76} では系統的なつけ方と慣用的なつけ方で C/A 表記は一致するが，$D_2(22)$–C_{84} では C/A 表記が逆転するので注意が必要である．

参考文献

[1] P. Fowler, D. E. Manolopoulos: *An Atlas of Fullerenes*, Clarendon Press, Oxford (1995).
[2] (a) W. H. Powell, et al.: *Pure Appl. Chem.*, **74**, 629 (2002). (b) F. Cozzi, et al.: *Pure Appl. Chem.*, **77**, 843 (2005).
[3] (a) R. Taylor: *J. Chem. Soc., Perkin Trans. 2*, 813 (1993). (b) R. T. E. W. Godly: *Pure Appl. Chem.*, **69**, 1411 (1997).
[4] Z. Wang, et al.: *Chem. Commun.*, **46**, 5262 (2010).
[5] S. I. Troyanov, N. B. Tamm, *Chem. Commun.*, 6035 (2009).
[6] H. Yang, et al.: *Angew. Chem. Int. Ed.*, **49**, 886 (2010).
[7] S. I. Troyanov, et al.: *Chem. Eur. J.*, **17**, 10662 (2011).
[8] (a) H. Yang, et al.: *Chem. Commun.*, **47**, 2068 (2011). (b) N. B. Tamm, S. I. Troyanov: *Chem. Asian J.*, **10**, 1622 (2015).
[9] E. Kemnitz, S. I. Troyanov: *Angew. Chem. Int. Ed.*, **48**, 2584 (2009).
[10] N. B. Tamm, et al.: *Inorg. Chem.*, **54**, 10527 (2015).
[11] N. B. Tamm, et al.: *Inorg. Chem.*, **54**, 2494 (2015).

[12] N. B. Tamm, et al.: *Angew. Chem. Int. Ed*., **48**, 9102 (2009).
[13] H. Yang, et al.: *Chem. Eur. J*., **18**, 2792 (2012).
[14] S. Yang, et al.: *Angew. Chem. Int. Ed*., **51**, 8239 (2012).
[15] N. B. Tamm, et al.: *Mendeleev Commun*., **25**, 275 (2015).
[16] S. Wang, et al.: *Chem. Eur. J*., in press (2016).
[17] M. A. Fritz, et al.: *Chem. Commun*., **50**, 14577 (2014).
[18] S. Wang, et al.: *Angew. Chem. Int. Ed*., **55**, 3451 (2016).
[19] S. Yang, et al.: *Chem. Eur. J*., **20**, 6875 (2014).
[20] S. Yang, et al.: *Chem. Asian J*., **9**, 79 (2014).
[21] (a) L. A. Paquette, et al.: *J. Am. Chem. Soc*., **105**, 5446 (1983). (b) R. J. Ternansky: *J. Am. Chem. Soc*., **104**, 4503 (1982).
[22] (a) S. -Y. Xie, et al.: *Science*, **304**, 699 (2004). (b) X. Han, et al.: *Angew. Chem. Int. Ed*., **47**, 5340 (2008).
[23] Y. Z. Tan, et al. *Nat. Chem*., **2**, 269 (2010).
[24] Y. -Z. Tan, et al.: *J. Am. Chem. Soc*., **130**, 15240 (2008).
[25] P. A. Troshin, et al.: *Science*, **309**, 278 (2005).
[26] Y. -Z. Tan, et al. *Nat. Mater*., **7**, 790 (2008).
[27] C. -R. Wang, et al.: *J. Am. Chem. Soc*., **128**, 6605 (2006).
[28] G. -J. Shan, et al.: *Chem. Asian J*., **7**, 2036 (2012).
[29] C. -L. Gao, et al.: *Angew. Chem. Int. Ed*., **53**, 7853 (2014).
[30] Y. -Z. Tan, et al.: *Nat. Commun*., **2**, 420 (2011).
[31] K. Y. Amsharov, et al.: *Chem. Eur. J*., **18**, 9289 (2012).
[32] (a) K. Ziegler, et al.: *J. Am. Chem. Soc*., **132**, 17099 (2010). (b) Y. -Z. Tan, et al.: *J. Am. Chem. Soc*., **132**, 17102 (2010).
[33] I. N. Ioffe, et al.: *Angew. Chem. Int. Ed*., **48**, 5904 (2009).
[34] Y. -Z. Tan, et al.: *J. Am. Chem. Soc*., **132**, 12648 (2010).
[35] I. N. Ioffe, et al.: *Inorg. Chem*., **51**, 11226 (2012).
[36] T. Wei, et al.: *Chem. Asian J*., **10**, 559 (2015).
[37] S. Yang, et al.: *Chem. Eur. J*., **21**, 15138 (2015).
[38] I. N. Ioffe, et al.: *Angew. Chem. Int. Ed*., **49**, 4784 (2010).
[39] I. N. Ioffe, et al.: *Inorg. Chem*., **52**, 13821 (2013).
[40] I. N. Ioffe, et al.: *Chem. Eur. J*., **21**, 4904 (2015).
[41] S. Yang, et al.; *Angew. Chem. Int. Ed*., **53**, 2460 (2014).
[42] S. Yang, et al.: *Chem. Commun*., **49**, 7944 (2013).

課題と展望

　本書で取り扱ったフラーレン化学の範囲は主として C_{60} に焦点を当てたものであるが，これらの知識に基づいて様々な内包フラーレンや未だ見ぬ新しいフラーレンに関する理解ができるものと信じる．まったく新しい構造と性質をもつフラーレンの化学は，実験化学と理論化学の二人三脚によって研究されてきており，いずれか欠けてもフラーレン研究の進展は大きく遅れていたであろう．フラーレン化学は，実験化学と理論化学のインタープレイの重要性を示す好例であり，今後もますます深化していくものと期待される．

　化学反応による分子変換は，無限の可能性を秘めたフラーレン物質の創製への道を切り拓いている．さらに，フラーレンの内側あるいは外側からの機能化は，多様な組み合わせにより，これまでにない機能を有する内包フラーレンの実現も可能であろう．今後の内包フラーレンの研究の進展により，新しいナノカーボンπ電子科学領域の創製にも期待が高まる．現在，金属内包フラーレンの合成に用いられるアーク放電法は，化学研究に対して満足できる量を提供するものであるが，大量の工業的合成を現実化するためには，この方法の効率は改良されなければならない．物理的手法にしろ，化学的手法にしろ，金属内包フラーレンの大量合成法の開発は若い人ならなし得るチャレンジングな標的であろう．

　実用製品としてボーリング球やテニスラケット，スノーボード，メガネフレーム等の幅広い材料分野で従来品の性能を越える性能を示すことは知られているが，一方，新しい電子的特性や磁性等を有するフラーレンの合成や物性の理解も進み，半導体マテリアルとしての利用や，医療などの新たな生物科学への応用など，各方面です

ぐれた性能をもつこともわかってきた．新たなナノカーボン系ハイブリッド材料のビルディングブロックとして電子デバイスや磁性材料への応用など，大きな可能性を秘めている．

　最近では，ナノカーボンの化学はカーボンナノチューブやナノグラフェンの化学へも発展しているので，ナノカーボン化学における異分野間はもちろんのこと，物理学，生物学，さらには医学分野間などの，広い科学分野における理解も必要であろう．このような新しい課題にも本書の読者が挑戦することを望んで止まない．

索 引

【欧字】

1,2-付加 …………………………94
1,4-付加 …………………………94
1,6-付加 …………………………94
[5,6]-結合 ………………………33
[6,6]-結合 ………………………33
15族原子内包フラーレン …………19

Bingel–Hirsch 反応 ………………101

CAPTEAR 法 ……………………63

CV …………………………………47

DPV ………………………………47
DSSC ……………………………151

HOMA ……………………………45
HOMO ……………………………33
HOMO–LUMO ギャップ …………33

IPR フラーレン …………………32

Jahn–Teller 変形 …………………37

LUMO ……………………………33

NICS ………………………………45
non-IPR フラーレン ……………32

PDI ………………………………45
POAV（π-orbital axis vector）………31
Prato 反応 ………………………105

Rehn–Weller 方程式 ……………117

Stone–Wales 転位 ………………41

tether-directed remote functionalization …………………………124
TNT 内包フラーレン ……………63
TRMC ……………………………140

【ア行】

アーク放電法 ……………………21
アザフレロイド …………………108
アモルファスカーボン …………25
イオン化エネルギー ……………56
エネルギー移動 …………………51
塩素化フラーレン ………………40
オイラーの多面体定理 …………29

【カ行】

開殻電子構造 ……………………57
化学修飾 …………………………40
角度歪み …………………………31
かご状構造 ………………………13
活性酸素 …………………………155
過渡吸収スペクトル ……………51
カーボンナノチューブ …………5
カーボンナノホーン ……………7
環電流 ……………………………46

希ガス内包フラーレン …………19
基底状態 …………………………50
吸収スペクトル …………………48
鏡像異性 …………………………42
金属内包フラーレン ……………19

グラフェン …………………………………7
五員環 ………………………………………19
高次フラーレン ……………………………19
高周波誘導加熱法 …………………………21
構造異性体 …………………………………20
高速液体クロマトグラフィー ……………27
孤立五員環則 ………………………………32

【サ行】

サイクリックボルタンメトリー …………47
最高被占軌道 ………………………………33
最低空軌道 …………………………………33
再配列エネルギー …………………………51
酸化還元電位 ………………………………47
ジアニオン …………………………………50
時間分解マイクロ波伝導度（time-resolved microwave conductivity；TRMC) ……………………………………140
色素増感太陽電池（dye-sensitized solar cell；DSSC) ………………………………151
遮蔽効果 ……………………………………52
瞬間真空熱分解法（flash vacuum pyrolysis；FVP) …………………………………24
常磁性 ………………………………………59
スパイラルアルゴリズム …………………20
静電引力 ……………………………………56
セレンディピティ …………………………1

【タ行】

対称性 ………………………………………20
単結晶 X 線構造解析 ……………………59,60
単分子スイッチングデバイス ……………153
超伝導性 ……………………………………139

抵抗加熱法 …………………………………21
低次フラーレン ……………………………19
定電位バルク電解 …………………………43
電気化学的還元 ……………………………36
電子受容能 …………………………………50
電子親和力 …………………………………56

【ナ行】

内包フラーレン ……………………………19
ナノカーボン ………………………………4
熱力学的安定性 ……………………………56

【ハ行】

π 電子系 …………………………………31
反磁性 ………………………………………60
反芳香族性 …………………………………32
光誘起電荷分離状態 ………………………51
光誘起電子移動反応 ………………………117
微分パルスボルタンメトリー ……………47
ピーポッド（peapod) ……………………142
ビラジカル性 ………………………………33
ピラシレン部位 ……………………………44
ファンデルワールス相互作用 ……………29
不対電子 ……………………………………58
フラーライド塩 ……………………………47
フラーレニウム塩 …………………………47
フラーレン …………………………………1
フラーレンナノウィスカー ………………140
フラーレン二重膜ベシクル ………………145
フレロイド ………………………………46,95
分子内包フラーレン ………………………19
閉殻電子構造 ………………………………57
芳香族性 ……………………………………45

【マ行】

マーカスの逆転領域 ……………149

メタノフラーレン ……………46, 94

【ヤ行】

有機強磁性体 ……………………140

【ラ行】

ラジカルアニオン ……………49, 51

ラジカルスポンジ ………………115

リチウムイオン内包フラーレン ……19

理論計算 ……………………………60

励起一重項状態 ……………………50

励起三重項状態 ……………………50

レーザー蒸発法 ……………………21

六員環 ………………………………19

〔著者紹介〕

赤阪　健　(あかさか　たけし)
最終学歴：1974 年，東京教育大学大学院理学研究科博士課程化学専攻中退
現在：筑波大学名誉教授，(公財) 国際科学振興財団主席研究員，理学博士
専門：有機化学・ナノカーボン化学

山田　道夫　(やまだ　みちお)
最終学歴：2008 年，筑波大学大学院数理物質科学研究科化学専攻修了
現在：東京学芸大学教育学部自然科学系准教授，博士（理学）
専門：構造有機化学

前田　優　(まえだ　ゆたか)
最終学歴：2001年，新潟大学大学院自然科学研究科エネルギー基礎科学専攻修了
現在：東京学芸大学教育学部自然科学系准教授，博士（理学）
専門：有機化学

永瀬　茂　(ながせ　しげる)
最終学歴：1975 年，大阪大学大学院基礎工学研究科博士課程化学専攻修了
現在：分子科学研究所名誉教授，京都大学福井謙一記念研究センターリサーチ
　　　フェロー，工学博士
専門：理論化学・計算化学

化学の要点シリーズ 17　*Essentials in Chemistry 17*
フラーレンの化学
The Chemistry of Fullerenes

2016年11月25日　初版1刷発行

著　者　赤阪 健・山田道夫・前田 優・永瀬 茂

編　集　日本化学会　ⓒ2016

発行者　南條光章

発行所　**共立出版株式会社**

　　　　［URL］　http://www.kyoritsu-pub.co.jp/
　　　　〒112-0006 東京都文京区小日向4-6-19　電話 03-3947-2511（代表）
　　　　振替口座　00110-2-57035

印　刷　藤原印刷

製　本　協栄製本

printed in Japan

検印廃止

NDC　435.6, 437

ISBN 978-4-320-04422-7

一般社団法人
自然科学書協会
会員

`JCOPY` <出版者著作権管理機構委託出版物>

本書の無断複製は著作権法上での例外を除き禁じられています．複製される場合は，そのつど事前に，出版者著作権管理機構（ＴＥＬ：03-3513-6969，ＦＡＸ：03-3513-6979，e-mail：info@jcopy.or.jp）の許諾を得てください．

化学の要点シリーズ

日本化学会 編／全50巻刊行予定

❶ 酸化還元反応
佐藤一彦・北村雅人著　I部：酸化／II部：還元／他・・・・・・・・・・・・・・・本体1700円

❷ メタセシス反応
森　美和子著　二重結合と三重結合の間でのメタセシス反応／他・・・・・・・本体1500円

❸ グリーンケミストリー
―社会と化学の良い関係のために―
御園生　誠著・・・・・・・・・・・・・・・本体1700円

❹ レーザーと化学
中島信昭・八ッ橋知幸著　レーザーは化学の役に立っている／他・・・・・・・本体1500円

❺ 電子移動
伊藤　攻著　電子移動の基本事項／電子移動の基礎理論／他・・・・・・・・・・本体1500円

❻ 有機金属化学
垣内史敏著　配位子の構造的特徴／有機金属化合物の合成／他・・本体1700円

❼ ナノ粒子
春田正毅著　ナノ粒子とは？／ナノ粒子の構造／将来展望／他・・本体1500円

❽ 有機系光記録材料の化学
―色素化学と光ディスク―
前田修一著・・・・・・・・・・・・・・・・本体1500円

❾ 電　池
金村聖志著　電池の歴史／電池の中身と基礎／電池の種類／他・・・・・・・本体1500円

❿ 有機機器分析
―構造解析の達人を目指して―
村田道雄著・・・・・・・・・・・・・・・・本体1500円

⓫ 層状化合物
高木克彦・高木慎介著　層状化合物の分類と構造／合物の機能／他・・・・本体1500円

⓬ 固体表面の濡れ性
―超親水性から超撥水性まで―
中島　章著・・・・・・・・・・・・・・・・本体1700円

⓭ 化学にとっての遺伝子操作
永島賢治・嶋田敬三著　プラスミドの性質と抽出法／大腸菌／他・・本体1700円

⓮ ダイヤモンド電極
栄長泰明著　ダイヤモンド電極とは？／ダイヤモンド電極の性質／他・・・・本体1700円

⓯ 無機化合物の構造を決める
―X線回析の原理を理解する―
井本英夫著・・・・・・・・・・・・・・・・本体1900円

⓰ 金属界面の基礎と計測
魚崎浩平・近藤敏啓著　金属界面の基礎／金属界面の計測／他・・・・・・本体1900円

⓱ フラーレンの化学
赤阪　健・山田道夫・前田　優・永瀬　茂著　フラーレンとは／他・・・・・・本体1900円

⓲ 基礎から学ぶケミカルバイオロジー
上村大輔・袖岡幹子・阿部孝宏・闐闐孝介・中村和彦・宮本憲二著・・・・・・本体1700円

【各巻：B6判・並製本・94～212頁】

※税別価格（価格は変更される場合がございます）

共立出版

http://www.kyoritsu-pub.co.jp/
https://www.facebook.com/kyoritsu.pub